HISTOIRE

DES

ANIMAUX CÉLÈBRES

intelligents, industrieux ou extraordinaires
& des chiens savants
y compris l'histoire véridique de ce chien
de Jean de Nivelle

AMABLE RIGAUD
50 Rue Ste Anne

HISTOIRE

ANIMAUX CÉLÈBRES

HISTOIRE

DES

ANIMAUX CÉLÈBRES

INDUSTRIEUX, INTELLIGENTS OU EXTRAORDINAIRES

ET DES

CHIENS SAVANTS

Y COMPRIS

L'HISTOIRE VÉRIDIQUE DE CE CHIEN DE JEAN DE NIVELLE

OUVRAGE MORAL, INSTRUCTIF ET AMUSANT

PAR

CHARLES DE RIBELLE

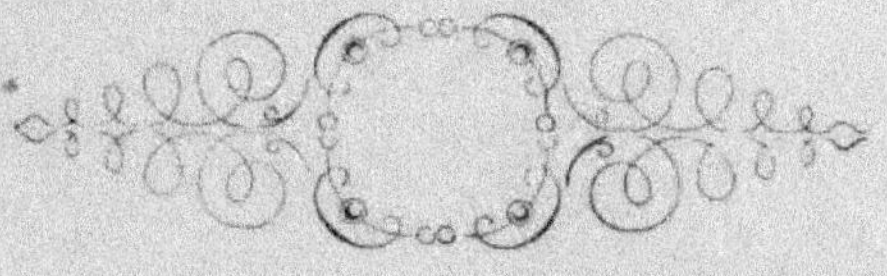

PARIS

AMABLE RIGAUD, LIBRAIRE

50, RUE SAINTE-ANNE, 50

M DCCC LIX

Le vaisseau du Capitaine Dens arrêté dans sa marche par un monstre marin.

PRÉFACE

L'histoire des animaux célèbres, que nous publions, n'a point la prétention d'être un livre scientifique. C'est tout simplement un ouvrage destiné à amuser la jeunesse, et surtout à faire réfléchir ceux qui seraient portés à oublier leur dignité en s'abandonnant à des passions mauvaises, et qui, par conséquent, se mettraient au-dessous des bêtes dont nous esquissons ici les divers instincts.

La réflexion est un acheminement vers la sagesse ; et si nous pouvions, en montrant combien certains animaux ont de bonnes qualités, donner à réfléchir à certains individus prêts à tomber dans l'abîme du mal, nous croirions avoir rendu un véritable service.

Si l'étude de la nature en général est bien faite pour nous inspirer de louables et grandes pensées, la connaissance des mœurs des animaux divers qui vivent sur la terre n'est point une moindre source de réflexions et de surprises.

Lors même que l'histoire des bêtes, dont véritablement quelques-unes sont douées de qualités étonnantes, ne servirait qu'à nous faire sentir toute la reconnaissance que nous devons au Créateur, qui a bien voulu doter l'espèce humaine du feu sacré de l'intelligence et nous a rendus les rois de la création, il nous semble que ce serait une chose bonne sous plus d'un rapport. Aux histoires, aux anecdotes tirées de la vie, des mœurs et des habitudes des animaux, nous avons joint diverses légendes et histoires d'animaux devenus fameux, soit par la terreur qu'ils ont inspirée aux populations des contrées où ils ont vécu, soit par les choses extraordinaires dont on a grossi les relations auxquelles leurs méfaits ont donné lieu. Enfin, nous avons essayé de rendre ce volume le plus attrayant possible pour tout le monde, et surtout, et avant tout, nous l'avouons, nous avons eu le désir d'inspirer à la jeunesse l'amour du bien et la volonté d'apprendre.

Et puis, Dieu est si grand et si sublime dans tout ce qu'il a créé, qu'écrire l'histoire des plus petites choses d'entre ses œuvres, c'est encore toujours et sans cesse glorifier sa justice, sa puissance et sa bonté.

HISTOIRE

DES

ANIMAUX CÉLÈBRES

LE KRAKEN.

Le *kraken* est-il un animal fabuleux, créé tout simplement par l'imagination des populations du littoral
des côtes de la Norvége, ou existe-t-il effectivement un
monstre marin approchant des proportions colossales
que les riverains des mers du Nord assignent au kraken? Voilà ce que nous ne pouvons décider de prime-
abord. Nous serions porté à ranger le kraken parmi les
animaux apocryphes, si les croyances d'une grande quantité de personnes de bonne foi ne nous portaient à faire
taire notre jugement devant des témoignages si nombreux. Aussi, pour ne rien juger témérairement, nous
ne ferons que rapporter les légendes et les chroniques
répandues en Norvége sur le Léviathan des profonds
abîmes de la mer.

Les pêcheurs de la Norvége sont persuadés de l'existence d'un ou de plusieurs krakens sur leurs côtes. Cet
animal, disent-ils, est d'une grosseur considérable.
L'on n'a pu jusqu'ici apprécier bien au juste son vo-

lume, parce qu'il ne sort jamais entièrement de l'eau. Mais ce que l'on en a vu fait supposer qu'il a plus de 3,000 mètres de circonférence. Lorsque le kraken approche des côtes, ajoutent-ils, la pêche est très-abondante, parce que cet animal a un pouvoir attractif sur le poisson, dont il fait, comme on le pense bien, une consommation énorme. Un millier ou deux de maquereaux ou de harengs ne suffisent pas à son déjeuner; il y joint toujours une foule de poissons plus volumineux et plus nourrissants. Cependant, si sa présence sur les côtes est un motif pour faire d'abondantes pêches, elle est aussi la cause de tempêtes épouvantables. Lorsque le monstre se remue ou change de place avec trop de vivacité, il soulève les flots de la mer et fait périr bien des bâtiments.

Certains chroniqueurs accordent au kraken un volume et une puissance encore bien plus considérables. Ils prétendent que cet animal a plus de 20,000 mètres de circonférence, et que ses bras ou antennes ont généralement 80 à 100 pieds de long. Une légende norvégienne rapporte même qu'en 1400, par le plus beau temps du monde, une île assez considérable s'éleva tout à coup des profondeurs de la mer. Cette île, toute rocailleuse, était couverte de coraux et d'herbes marines. L'évêque de Christiania, capitale de la Norvége, ayant eu connaissance de ce phénomène, voulut consacrer la nouvelle île, sur laquelle il se transporta suivi de son clergé. Après avoir récité les offices au milieu d'un nombreux concours de curieux, toute l'assistance se retira, persuadée qu'une nouvelle possession était acquise à la Scandinavie. Mais, chose extraordinaire, à peine tout le monde avait-il quitté cette terre miraculeuse, qu'elle disparaissait au fond des eaux, et l'on s'apercevait alors seulement que la prétendue île n'était autre chose que le fameux kraken, qui était venu respirer quelques jours à la surface de la mer.

D'autres légendes prétendent que le kraken est un animal monstrueux qui demeure dans les plus profonds abîmes de l'Océan. Dieu, disent-elles, a créé cet animal tout exprès pour qu'il réside invariablement sous les flots, qu'il est chargé de diriger. Une fois seulement tous les cent ans le kraken apparaît pendant plusieurs jours à la surface de la mer, et rentre ensuite dans ses humides retraites.

Elles ajoutent que le phénomène du maelstrom, qui existe entre les îles de Moskoën et Moskœnets, sur les côtes de Norvége, vers le 57° degré de latitude, est produit par la respiration du kraken, qui habite le fond de la mer dans ces parages.

A côté des légendes enjolivées et des contes, il y a toujours quelque chose de vrai dans les faits qui ont donné lieu à la croyance des peuples. En 15.., un animal monstrueux vint s'échouer sur les côtes de la Norvége, au milieu des rochers, d'où il ne put jamais se dégager. Cet animal était si considérable, qu'il couvrait de son corps plusieurs arpents de terre. Étant mort en cet endroit, la puanteur qu'il exhala lorsqu'il vint à se corrompre était si forte, que les habitants d'alentour furent obligés de fuir ce lieu infect, d'autant plus que cette odeur donna naissance à la peste, qui fit beaucoup de victimes.

C'est sans doute à quelque animal de l'espèce du kraken qu'il faut rapporter le fait qui donna lieu à un don ou *ex-voto* que l'on voyait encore il n'y a que quelques années dans la chapelle Saint-Thomas, à Saint-Malo.

Voici ce qui donna lieu au vœu des matelots de Saint-Malo :

Le capitaine Jean-Magnus Dens, homme respectable et digne de toute confiance, raconte qu'en revenant d'un voyage en Chine il se trouvait au milieu de l'Océan, dans les parages de l'île Sainte-Hélène ; son vaisseau marchait bien par une bonne brise. Tout à coup il se trouva arrêté, comme s'il eût donné sur un écueil ; le capitaine fit jeter la sonde, qui descendit à plus de deux cents brasses. Il restait confondu devant ce phénomène, lorsque ses marins, occupés à laver le pont du navire, se mirent à pousser des cris épouvantables : plusieurs bras immenses et velus s'étaient étendus tout à coup au milieu des agrès du vaisseau et avaient saisi deux des matelots qu'ils entraînaient, pendant qu'un autre bras tenait un troisième marin entre les haubans, où il s'était cramponné à des cordages, et l'étouffait. Le capitaine, homme de courage et de sang-froid, s'empressa d'ordonner à ses matelots de s'armer de haches, et de couper les bras du monstre. Grâce à la promptitude de cette manœuvre, le matelot qui était pris dans les haubans fut dégagé, mais il mourut le lendemain des suites de cette attaque. Quant aux deux autres malheureux, ils étaient disparus ; et dès que les membres de l'animal eurent été coupés, comme le vaisseau reprit sa marche, l'on n'en entendit plus jamais parler.

Le capitaine, trop heureux d'avoir échappé à ce danger, fit vœu de donner un tableau représentant cette scène à l'église Saint-Thomas de Saint-Malo, ce qu'il fit en arrivant.

Les bras ou antennes de ce monstre marin donnent une idée de son volume considérable ; ils pouvaient

avoir 45 à 50 pieds de long, puisque les tronçons restés sur le navire avaient bien 25 pieds.

Il est certain que les abîmes de l'Océan renferment
des animaux d'un volume et d'une nature extraordinaires, ainsi que des monstres étonnants qui nous sont
totalement inconnus; cependant il faut se mettre en
garde contre les exagérations des récits de voyageurs
trop crédules ou trop portés au mensonge, et ne croire
qu'une partie des faits merveilleux qu'ils racontent, ou
au moins n'accepter de leurs récits que ce que la lo-
gique et le bon sens nous permettent de croire.

LA BALEINE.

Si la *baleine* n'était pas un des animaux connus les plus considérables, nous n'en aurions pas parlé dans cet ouvrage ; mais comme nous avons pris à tâche de faire connaître les êtres les plus curieux de la création, nous avons dû consigner ici quelques renseignements sur ce colossal habitant des mers.

La baleine existe plus généralement dans les mers du Nord et acquiert jusqu'à plus de 80 pieds de long, même l'on en a pris, dit-on, de plus de 120 pieds. Cet animal est vivipare : il a le sang chaud comme les animaux terrestres ; il respire par les poumons à l'aide de deux trous qui existent au-dessus de sa tête et que l'on nomment *évents*. C'est au moyen de ces évents que la baleine rejette continuellement l'eau salée qu'elle avale ; sans cela elle périrait bientôt, étant privée de la trachée qui existe chez les poissons.

La pêche de la baleine a été, depuis nombre d'années, une source de profits considérables pour les armateurs ; mais la grande destruction de ces animaux, qui se reproduisent peu. est cause qu'aujourd'hui l'on ne les trouve plus que dans les latitudes les plus élevées, au milieu des glaces.

Certaines baleines fournissaient jusqu'à 25 mille livres d'huile, et leurs fanons, ou système de mastication qui remplace les dents, dont les baleines sont privées, forment ce que nous nommons vulgairement des *baleines*.

La pêche de la baleine est assez dangereuse, tant à cause du climat rigoureux où il faut aller à la recherche de cet animal, que des périls que courent les matelots chargés de donner la chasse au monstrueux cétacé.

Lorsqu'un bâtiment destiné à la pêche de la baleine est arrivé dans les parages qu'elle fréquente, un homme est continuellement placé en vigie pour avertir aussitôt qu'il apercevra quelque chose. Dès qu'il reconnaît une baleine, il le fait savoir, et aussitôt le canot est mis à la mer avec quatre rameurs vigoureux et un matelot solide pour lancer le harpon. Tout le monde sait que le harpon est une tige de fer acérée et dentelée par un bout, et attachée à une immense corde roulée sur un tourniquet. Aussitôt que le canot a pu s'approcher de la baleine, le harponneur lance son terrible harpon en cherchant à frapper sous les ouïes, partie la plus sensible de l'animal; l'on s'empresse de dérouler de la corde, car, aussitôt touchée, la baleine plonge au fond de la mer, et malheur à ceux qui montent la barque si la corde ne se déroule pas avec assez de promptitude : la frêle embarcation serait bientôt chavirée. Comme la baleine ne peut rester longtemps sous l'eau, elle remonte pour respirer; alors de nouveaux coups lui sont portés. Mais il arrive quelquefois que le canot est entraîné à des distances considérables du navire, et les matelots périssent abandonnés ; ou bien encore la baleine brise et détruit l'embarcation à coups de queue, et les marins sont engloutis dans les vagues.

Dans les cas ordinaires, le cétacé fuit, entraînant l'embarcation que le navire suit à distance. La mer, rougie par le sang de la victime, indique la route qu'elle parcourt, et lorsqu'elle reparaît, affaiblie par la perte de son sang et battant la mer de sa redoutable queue, qu'il faut éviter avec les plus grandes précautions, on l'achève à coups de lance. Lorsque la baleine surnage, ce qui arrive lorsqu'elle a cessé de vivre, le navire s'en approche ; des amarres sont passées sous l'animal, qui est hissé sur les flancs du bâtiment : alors commence la besogne des charpentiers, qui montent avec leurs grosses bottes à crampons sur son dos et la dépècent pour en faire fondre la graisse, en retirer la cervelle et les fanons.

La baleine est non-seulement poursuivie sans relâche par les pêcheurs, mais encore elle a un ennemi des plus terribles qui s'acharne contre elle et lui livre des combats à outrance, qui ne se terminent que par la mort de l'un des deux antagonistes. Cet ennemi, c'est l'espadon ou narval, poisson considérable qui acquiert une longueur de 25 à 30 pieds, et porte au bout du museau une espèce de scie dentelée de 6 à 8 pieds de longueur, arme des plus meurtrières, qui lui sert à percer la baleine et à la couvrir de blessures effroyables. La baleine fuit tant qu'elle peut son redoutable ennemi ; cependant, lorsqu'il faut combattre, elle se sert de sa queue, souvent avec avantage, pour l'écraser. « Il est impossible, dit un voyageur qui a assisté à l'un de ces duels, de supposer l'acharnement que l'espadon déploie contre la baleine. C'est avec rage qu'il l'at-

taque et c'est avec furie que la baleine se défend. »
Il a été reconnu que la baleine possédait les instincts
de l'amour maternel à un très-grand degré. La baleine allaite son petit comme les quadrupèdes; elle
n'en a jamais qu'un à la fois; lorsqu'elle est attaquée ou
en péril, elle fait tous les efforts imaginables pour le
préserver et le couvrir de son corps. L'on a vu une
baleine, échouée avec son baleineau dans un canal sur
les côtes de Norvége, défendre son petit avec la plus
grande énergie. Des pêcheurs, attirés par cette magnifique proie, firent tous leurs efforts pour prendre la
mère et l'enfant; mais la baleine couvrait continuellement son petit et recevait tous les coups qui lui étaient
adressés; enfin, la marée ayant rempli le canal où ces
animaux étaient prisonniers, la mère finit par s'échapper, se croyant suivie par son baleineau. Elle avait déjà
regagné la haute mer, lorsqu'elle s'aperçut qu'elle était
seule; alors elle retourna bravement affronter les coups
des pêcheurs, et finit pourtant par faire échapper avec
elle sa progéniture, après toutefois avoir reçu un grand
nombre de blessures.

L'ÉLÉPHANT.

L'*éléphant* est le plus colossal de tous les animaux terrestres, et s'il était classé selon sa valeur intellectuelle,
au dire de divers auteurs, c'est celui de tous les êtres
de la création qui approcherait le plus de l'homme par
l'intelligence. Il joint, disent-ils, au sens du castor l'a-
dresse du singe, l'instinct du chien, la bravoure froide
et tranquille du lion, avec tous les sentiments du juste
et du bien. Sa force est proportionnée à sa taille ; il
peut transporter des fardeaux énormes sur son dos et
soulever avec sa trompe des objets d'un poids considérable. Ses défenses, dont on tire l'ivoire, sont des
armes terribles avec lesquelles il ne craint point les
plus féroces et les plus forts d'entre les autres animaux ;
l'épaisseur de sa peau le met à l'abri des armes des
chasseurs. A l'état sauvage, l'éléphant vit en société,
non qu'il ait besoin d'aide pour se défendre, mais par

amour de ses semblables et de la famille. Il n'attaque jamais les voyageurs et les êtres inoffensifs : sa force prodigieuse ne lui sert que lorsqu'il est attaqué lui-même ; et encore dans le combat, lorsque ses petits ou sa femelle ne sont pas en danger, il conserve un sang-froid et une prudence dignes d'être admirés. Il a de la modération, même dans certaines occasions où bien des êtres raisonnables ne se possèdent plus. S'il se souvient longtemps des injures, il se rappelle sans cesse les bienfaits.

Au milieu des forêts où il vit, l'éléphant est le roi de la nature : se nourrissant de végétaux ; il n'attaque jamais les autres animaux, qui le craignent et le respectent, s'ils ne l'aiment pas. Rien n'est curieux à étudier comme la vie de famille parmi les éléphants : le père est le souverain arbitre du ménage ; il traite sa femelle avec toute la bienveillance d'un esprit supérieur, mais il est le maître de la communauté. Les jeunes éléphants sont sous l'autorité des mères, qui les conduisent, les instruisent et les morigènent avec la plus affectueuse bonté jusqu'à un certain âge.

Les éléphants, entre eux, vivent dans la plus grande harmonie ; cependant il arrive quelquefois que des dissentiments s'élèvent entre les jeunes mâles : les anciens de la nation interposent alors leur autorité pour ramener la paix. Mais si quelque cas grave, ou si quelque haine impossible à calmer empêche les ennemis d'écouter les conseils des doyens, alors les antagonistes sont renvoyés de la colonie pour aller vider leur différend loin des jeunes éléphants, afin que le mauvais exemple de ces querelles n'influe en rien sur les mœurs de la jeunesse. Le combat de deux éléphants est presque toujours mortel pour l'un des deux adver-

saires, lorsqu'il n'est pas funeste pour tous les deux ;
dans tous les cas le survivant est exilé pour un laps de
temps assez long de la présence de ses frères, et le
corps du défunt est abandonné dans le lieu même où
il a succombé, bien qu'il soit d'usage parmi ces animaux d'enterrer leurs morts dans des espèces de cime-
tières au milieu de profondes vallées ou dans des cavernes.

Les éléphants qui n'ont point voulu écouter les leçons de leurs anciens sont ceux que l'on rencontre
solitaires, et qui deviennent la proie des chasseurs ;
car il ne fait pas bon aller attaquer une troupe entière d'éléphants.

Si par hasard des chasseurs ont découvert la retraite des éléphants sauvages et qu'ils les attaquent,
ceux-ci s'empressent de se former en bataille : les
jeunes et les femelles sont mis au centre, les plus
robustes et les plus vaillants sont en tête, les anciens
sont sur les flancs, surveillant l'attaque de leurs ennemis ; il est rare que les chasseurs parviennent à en-
tamer la terrible phalange, qui, quelquefois, après avoir
été harcelée, prend l'offensive et attaque à son tour
avec furie les persécuteurs. Malheur alors à tous les
chasseurs qui ne sont pas assez alertes pour se sauver !

L'on rapporte ce fait, qui nous semble des plus
étranges : Un chasseur adroit et hardi faisait, dit-on,
depuis bien des années, une guerre des plus acharnées
aux éléphants, pour s'emparer de leurs défenses après
les avoir tués. Plusieurs fois il avait été en danger de
perdre la vie ; mais, grâce à sa bravoure et à son sang-
froid, il était toujours parvenu à s'échapper. Les éléphants, outrés de voir l'acharnement de ce chasseur,
dont cependant ils admiraient, supposons-nous, le

courage et ayant sans doute compris le motif de ses
hostilités, résolurent de le faire prisonnier. Ils prirent
de si minutieuses mesures, qu'enfin l'ennemi de la race
éléphante fut un jour saisi par ses adversaires. Le
malheureux crut son heure dernière arrivée et s'apprêtait à mourir, en donnant toutefois un regret à ce
qu'il avait de plus cher au monde, lorsque les éléphants le chargèrent sur le dos de l'un d'eux, pendant qu'une escorte nombreuse l'entourait. Dans cette
position, ces animaux conduisirent leur captif dans
le fond d'une vallée; là, ils le mirent à terre au milieu d'une immense quantité de défenses d'éléphant
répandues en cet endroit, puis ils se retirèrent sans lui
faire aucun mal, laissant le chasseur confondu de leur
générosité. Cet homme, comprenant alors le motif de
ce voyage, qui était sans doute pour lui enseigner qu'il
pouvait avoir de l'ivoire sans se servir du cruel moyen
qu'il employait pour s'en procurer, se promit bien
de ne plus tourmenter les éléphants à l'avenir.

Le chasseur, profitant de la leçon, se retira sans bruit,
retourna ensuite avec circonspection ramasser des défenses d'éléphant sans jamais avoir à redouter la colère et la vengeance de ces énormes quadrupèdes.

Un seul ennemi fait la guerre aux éléphants dans
les solitudes où il habite. Cet adversaire irréconciliable,
c'est le rhinocéros. Le rhinocéros, d'un volume et d'une
force considérables, est bien loin de posséder les qualités
natives de l'éléphant : autant celui-ci est honnête, intelligent, raisonnable même, autant le rhinocéros est
brutal, colérique, gourmand, insociable; et, comme
ces animaux vivent aussi en troupe et qu'ils fréquen-
tent à peu près les mêmes lieux que les éléphants et se
nourrissent des mêmes aliments, il arrive très-souvent

qu'ils se livrent entre eux des combats terribles pour
rester les uns ou les autres les maîtres du territoire où
ils se trouvent. C'est alors que les éléphants déploient
leur sang-froid et leur courage; et il leur en faut, car
le rhinocéros est un antagoniste des plus dangereux.
Doué d'une force considérable, quoique moins gros que
l'éléphant, il est pourvu d'une arme meurtrière : il a
sur le bout du mufle une corne tranchante dont les
coups sont mortels; et à sa force, et à cette arme
terrible, il joint la plus effrayante énergie, la plus
complète insouciance des coups qu'il peut recevoir ou
porter dans le combat. Dès que ces animaux, soumis
à leurs passions désordonnées, aperçoivent des éléphants, ils se précipitent tête baissée au milieu de ces
derniers, et font tout leur possible pour les frapper
sous le ventre; alors, s'ils réussissent, l'éléphant est
perdu, il tombe mort sur son adversaire, qui périt
presque toujours lui-même, écrasé sous le poids de son
antagoniste.

Mais les éléphants ne se laissent pas approcher facilement, et presque toujours le rhinocéros est reçu sur
les défenses de son ennemi, qui finit par l'écraser à
coups de trompe.

Les éléphants isolés sont quelquefois attaqués par le
lion ou par le tigre, mais rarement cependant. Ces
bêtes féroces n'ont de prise que sur la trompe du co-
losse; aussi est-ce sur ce membre qu'ils se jettent avec
furie. S'ils parviennent à le déchirer avec leurs griffes
et leurs dents, l'éléphant est perdu, à moins que ses cris
n'attirent à son secours quelques-uns de ses semblables;
si au contraire plusieurs individus de la famille arrivent
à ces cris, les bêtes féroces prennent la fuite au plus
vite : aussi les lions et les tigres réussissent-ils rarement

à s'emparer de la trompe de l'éléphant qu'ils attaquent. Il arrive bien souvent, au contraire, que l'intelligent animal, qui les guette lorsqu'ils s'élancent
sur lui, les reçoit sur ses terribles défenses et les cloue
contre un arbre, non sans recevoir de blessures, il
est vrai.

Les éléphants, dans la domesticité, sont les animaux
qui rendent le plus de services à l'homme. Intrépides
et attachés à leurs maîtres, ils les servent aussi pendant
la guerre avec un courage et un sang-froid vraiment
étonnants.

Dans le royaume de Siam et dans bien des endroits
de l'Asie, outre les nombreux services que rendent les
éléphants pour transporter des fardeaux, servir de
moyen de locomotion à plusieurs personnes à la fois
pour parcourir les plus grandes distances, ils sont encore chargés de labourer la terre, de traîner la charrue, de tourner les manéges qui font monter l'eau, etc.
L'éléphant est aussi obéissant qu'il est docile, tant qu'on
ne le frappe pas injustement. Cet animal a le sentiment du devoir et de la soumission, mais il a surtout
le sentiment des convenances et de la justice; le châtier sans discernement, le tromper, se jouer de lui,
sont autant de raisons pour qu'il se venge à la première occasion.

Le cornac d'un éléphant était brutal et injuste envers
lui; cependant l'animal supporta longtemps les défauts
de cet homme, qui, un jour, frappa la pauvre bête
d'une manière cruelle sans aucun motif. Alors l'éléphant, ne pouvant plus contenir son indignation,
s'empara de ce maître barbare et l'écrasa sous ses pieds.

La femme du cornac, apprenant ce qui venait de se
passer, l'esprit troublé par le chagrin, accourut sur le

lieu de la scène, prit son jeune enfant qu'elle tenait dans ses bras et le jeta sous les pieds de l'animal en lui disant : « Puisque tu as tué le père, qui nous faisait vivre, écrase à son tour le fils, car je ne pourrai le nourrir. »

L'éléphant, calmé tout à coup par les larmes de cette femme et par les cris de frayeur de l'enfant, s'empara du pauvre petit, le mit avec précaution à califourchon sur son cou, et ne voulut plus jamais d'autre cornac que lui.

L'éléphant, dès qu'il a été dompté, est doux et obéissant pour son maître ; il comprend le moindre signe, et exécute avec intelligence tout ce qu'on lui commande. Il distingue facilement la colère, les reproches de la bienveillance et des compliments ; il écoute attentivement les recommandations qu'on lui fait ; il exécute avec empressement et avec prudence les commissions dont on le charge ; il plie les genoux pour que l'on puisse monter sur son dos ; il caresse ceux qui le flattent ou sont bons pour lui, et salue les gens qu'on lui fait remarquer : son attachement pour les personnes qui le soignent est des plus vifs. On en a vu, à la mort de leur cornac, ne plus vouloir être conduits par personne et mourir de chagrin.

La nourriture de l'éléphant consiste en riz, maïs, cannes à sucre hachées et en herbe, dont il fait une grande consommation. Cet animal vit très-vieux. Strabon prétend que la durée ordinaire de son existence est de cinq cents ans. L'éléphant Ajax, qui avait combattu pour Porus contre Alexandre, vivait encore quatre cents ans après ce conquérant. Juba, roi de Mauritanie, qui soutint une guerre si longue et si acharnée contre les Romains, prétend aussi qu'il retrouva dans les montagnes de l'Atlas un éléphant qui portait une marque qui avait été faite il y avait plus de quatre cents ans. Tout nouvellement un éléphant, du nom d'Annibal, vient de mourir aux États-Unis, et l'on estimait qu'il pouvait avoir vécu cinq à six cents ans.

Comme la croissance de cet animal est assez lente, il est supposable que sa vie est longue et qu'elle doit dépasser communément plus de deux cents ans à l'état libre.

L'éléphant a les sens de l'ouïe, de la vue et de l'odorat des plus développés ; il aperçoit de très-loin et entend le moindre bruit ; les odeurs suaves et les parfums lui font le plus grand plaisir.

Nous avons vu, il n'y a pas bien longtemps, des éléphants si bien apprivoisés qu'ils dansaient au son de la musique, se mettaient à table, se servaient très-proprement et débouchaient une bouteille de vin avec leur trompe.

Si l'éléphant est quelquefois vindicatif, il est toujours reconnaissant. Voici, entre mille, une anecdote à ce sujet : Un soldat de Pondichéri, qui avait l'habitude de porter à l'un de ces animaux une mesure d'arac chaque fois qu'il recevait sa paye, fut, un jour qu'il s'était enivré, poursuivi par la garde de police. Ne sachant où se réfugier pour éviter la prison, il se précipita sous le ventre de l'éléphant qu'il régalait si souvent et s'y endormit. Ce fut en vain que la police essaya de l'arracher de cet asile ; l'éléphant le défendit avec sa trompe et ne laissa approcher personne de son protégé. Le lendemain le soldat, revenu de son ivresse, frémit à son réveil en se trouvant couché sous cet animal qui pouvait l'écraser en faisant le moindre mouvement, mais qui n'avait pas bougé de toute la nuit de crainte

de le déranger. L'éléphant, qui s'aperçut sans doute
de son effroi, se mit à le caresser pour le rassurer et
le laissa s'en aller paisiblement.

Pline le naturaliste prétend que l'éléphant prend
la fuite dès qu'il entend un cochon. Si ce fait est
exact, l'on ne comprendrait guère cette fuite autrement que par une antipathie de cet animal contre le
porc. En 1769, il se passa un événement à la ménagerie de Versailles qui ferait croire ce que dit Pline :
Un cochon s'étant introduit dans l'endroit où se trouvaient les animaux et faisant entendre ses grognements,
l'éléphant de la ménagerie entra dans une agitation
extrême et aurait brisé les barreaux de sa cage si l'on
n'eût au plus vite renvoyé l'animal immonde.

Les Romains faisaient grand cas des exercices des
éléphants, et des hommes étaient spécialement chargés d'instruire ces animaux. Lors du triomphe de
Germanicus, l'on vit entrer dans le cirque douze éléphants couverts d'élégants costumes qui exécutèrent
un ballet, pendant qu'un autre jouait des cymbales.
Après le ballet, l'on servit un splendide festin où les
éléphants prirent place, chacun sur des lits, selon l'u-
sage de ce temps. On leur servit les mets les plus re-
cherchés, et ils mangèrent très-proprement, se conduisirent d'une manière très-décente, et firent l'admiration
des spectateurs par leur sobriété, le discernement qu'ils
mirent pour choisir les mets qu'on leur servait, et
l'extrême politesse qu'ils déployèrent dans toutes leurs
actions.

Un voyageur cite le fait suivant :

Un éléphant était employé à soulever des fardeaux
que l'on déchargeait d'un navire; l'un de ces fardeaux,
d'un poids trop considérable, ne pouvant être remué

par l'éléphant, le maître de l'animal, voyant cela, se mit dans une grande colère et dit à un esclave : « Reconduisez cette bête paresseuse et faible à l'écurie, et envoyez-moi un animal plus courageux. » A ces mots, que l'éléphant comprit sans doute, cet animal fit des efforts inouïs pour vaincre les difficultés, mais inutilement. Alors, désolé de cela, il s'élança la tête la première sur le vaisseau et périt dans un accès de désespoir.

Les éléphants jouèrent un grand rôle dans les guerres que firent les souverains orientaux. Alexandre de Macédoine eut beaucoup de peine à vaincre Porus, qui avait dans ses armées des éléphants qui combattaient avec un merveilleux courage, soit en foulant des bataillons entiers sous leurs pieds, ou en portant sur leurs dos des tours où se tenaient des archers, qui du haut de ces fortifications faisaient pleuvoir des pierres et des javelots sur leurs adversaires. Les Grecs, en cette circonstance, ne durent la victoire qu'à la courageuse initiative d'un corps de troupes qui fut chargé de couper les jarrets de ces colosses avec des faux.

Pyrrhus, roi d'Épire, vainquit plusieurs fois les Romains grâce à ses éléphants, qui épouvantèrent les défenseurs de Rome les premières fois que ceux-ci se trouvèrent en présence de ces animaux.

Les éléphants sont généralement enclins à la flatterie. Celui qui était au Jardin des Plantes, il y a une vingtaine d'années, avait le défaut d'être rancuneux. Un mauvais plaisant, qui croyait pouvoir s'amuser impunément à ses dépens, fit semblant, à plusieurs reprises, de lui jeter du sucre et des friandises, mais ne lui donna rien, puis se mit à se moquer de lui. L'éléphant parut ne pas faire attention à ce badinage et mépriser ces plaisanteries ; il s'en alla comme pour se désaltérer vers son abreuvoir, puis tout à coup, revenant vers celui qui l'avait trompé, il lui lança une colonne d'eau sur le corps, de manière à le tremper des pieds à la tête.

Une charmante lady, parée du plus élégant costume, se mit un jour à dire tout haut devant ce même éléphant : « Oh ! cette grosse animal, il était fort laide, oh ! yès, bien laide. » Cinq minutes après, confondue dans la foule, elle s'amusait à voir l'adresse de ce colossal quadrupède pour recevoir les gâteaux que les enfants lui envoyaient, lorsque l'animal, l'ayant aperçue, se souvint du mauvais compliment qu'elle lui avait fait et l'inonda d'une eau fétide et sale qui gâta toute sa toilette.

L'éléphant de la ménagerie de Versailles, sous Louis XIV, était un des flatteurs du grand roi : chaque fois que le monarque s'approchait de lui, il ployait les genoux et lui adressait mille marques de respect.

Les souverains de l'Inde ont encore aujourd'hui un grand amour pour les éléphants. Le roi de Siam en a toujours de nombreux troupeaux, et parmi ses titres les plus glorieux, il place celui de possesseur de l'inestimable éléphant blanc ; il est vrai que les peuples de ce pays adorent un éléphant blanc qu'ils traitent avec une magnificence inouïe. Cet animal, auquel on fait jouer le rôle d'idole, est logé dans un palais de marbre, de porphyre et de bois de senteurs, dont les murs sont remplis d'incrustations et de pierres précieuses ; deux cents prêtres sont continuellement occupés à prévoir ses moindres besoins : les choses les plus délicates selon ses goûts lui sont servies dans des plats d'or et d'argent avec tous les respects imaginables.

L'on raconte qu'il y a quelques années, la mortalité

s'étant mise particulièrement sur les quelques éléphants blancs que le roi de Siam et les prêtres tiennent toujours en réserve pour remplacer l'idole en cas de décès, il arriva que la peste les enleva tous, et qu'au grand désespoir des bonzes menteurs et des principaux ministres du fétiche, le temple resta vide. La douleur la plus grande régnait parmi les peuples superstitieux de ces contrées ; la désolation était à son comble, lorsqu'un Français, de passage dans ce royaume, proposa au souverain du pays d'obvier à ce malheur et de faire cesser la douleur publique en blanchissant un éléphant ordinaire. L'empereur accepta la proposition, et l'opération ayant réussi, la nation tout entière put croire à la résurrection de son idole et fut dans le ravissement, et les ministres de la bête sacrée surtout en eurent une joie considérable, attendu que les profits et les aumônes recommencèrent à affluer dans leur trésor. Tout allait pour le mieux : la nouvelle idole remplissait ses fonctions à la satisfaction générale ; mais, un certain jour, un orage épouvantable vint par malheur fondre sur une procession où se trouvait l'éléphant sacré ; la peinture s'en alla, et le dieu en titre, de blanc qu'il était, redevint gris comme par le passé. La surprise fut grande, comme on le pense bien, parmi les dévots, puis, à la surprise succéda la plus effrayante colère de la part des prêtres mystifiés. L'animal imposteur fut chassé honteusement, et, par bonheur pour lui, l'auteur de la supercherie, le malin Français qui avait fabriqué une divinité au blanc de céruse et mauvais teint, s'était embarqué depuis un mois ; sans cela, il eût payé fort cher sans doute la gloire d'avoir fait un personnage sacré d'un éléphant ordinaire.

Ce ne fut qu'au bout de plusieurs années d'interrègne

que l'on parvint à retrouver, au milieu des forêts, quelques éléphants blancs qui ont comblé la lacune faite par la peste.

Les éléphants blancs ne sont point une espèce différente des autres éléphants ; ce sont tout simplement des individus de la même race, mais qui sont atteints d'une maladie de la peau qui leur donne la couleur blanche, comme chez les albinos.

Ainsi, une partie des peuples de l'Asie adore comme un dieu un animal malade qui aurait bien plus besoin d'entrer dans un hôpital que de trôner dans un temple.

Le roi de Delhi avait donné la fonction de bourreau à plusieurs éléphants qui étaient chargés d'exécuter les criminels et de les faire souffrir plus ou moins longtemps, selon la recommandation qu'en faisaient les juges ; ces animaux s'acquittaient de leur emploi à l'entière satisfaction de leurs maîtres.

Un voyageur, à la véracité duquel nous n'ajoutons pas une foi entière, raconte que, dans le royaume de Siam, où les éléphants sont nombreux et respectés, un de ces animaux, oubliant les principes de morale pratiqués par sa race, se fit voleur de grand chemin. A la piste des voyageurs, il les attaquait, se contentait de leur prendre tout ce qu'ils possédaient, s'ils ne faisaient aucune résistance, mais punissait sévèrement ceux qui osaient se défendre. Le fruit de ses larcins était transporté dans une caverne où il amassait d'immenses magasins de toutes choses. Il y avait déjà longtemps que l'éléphant voleur exerçait ses déprédations, lorsqu'un jour il s'avança sur trois pieds, l'air piteux, à la rencontre d'un pauvre marchand, qui se crut perdu et se jeta aux genoux de son terrible ennemi ; mais cette fois le larron ne fit aucune attention au butin du voyageur. Il s'approcha au contraire de lui, en poussant de petits cris et en lui montrant l'un de ses pieds, où était entrée une forte épine qui le faisait sans doute beaucoup souffrir. Le marchand, un peu rassuré par la manière du bandit, aperçut alors ce qui le gênait et osa l'en débarrasser. L'éléphant, joyeux de ne plus sentir de douleur, prit avec sa trompe l'homme qui venait de le soulager, le transporta plus mort que vif au milieu des innombrables richesses qu'il avait amassées par ses prouesses de grand chemin, et le laissa choisir tout ce qu'il voulut de ses trésors, puis le reconduisit avec des manières fort civiles sur la route où il l'avait rencontré.

Cette anecdote me paraît un peu merveilleuse et pourrait faire supposer que, parmi la race éléphante comme parmi la race humaine, il se trouve des individus enclins au mal et au mépris de la propriété. Pourtant, nous ne pouvons nous empêcher de remarquer que les procédés du quadrupède avec celui qui l'avait soulagé sont peu usités parmi les nombreux larrons dont l'espèce humaine est affligée.

Un auteur raconte qu'un homme tua sa femme dans un accès de colère et l'enterra dans un coin de son jardin. Quelque temps après ce crime, il se remaria. L'éléphant de cet homme, qui avait vu commettre l'assassinat, saisit un jour l'occasion où la nouvelle mariée se trouvait seule et la conduisit vers l'endroit où avait été enterrée la victime; alors il se mit à gratter le sol avec sa trompe, enleva la terre qui recouvrait le cadavre et le montra à la jeune femme, en ayant l'air de lui faire comprendre qu'un sort pareil lui était réservé si elle n'y prenait garde.

Il n'y a pas bien longtemps qu'un éléphant donna

L'Éléphant artilleur.

en Angleterre un exemple de sa bonté et de son attachement pour celui qui prenait soin de lui.

Le célèbre Martin, dompteur d'animaux féroces,
donnait des représentations à Liverpool. Il avait dans
sa ménagerie une lionne très-méchante que lui seul
pouvait faire obéir. Un jour, cette bête, profitant de
son absence, parvint à briser les barreaux de sa cage
et s'élança furieuse sur le cornac de miss Djeck,
jeune éléphant femelle de la plus grande douceur. Le
malheureux cornac n'eut que le temps de se jeter
sous le ventre de son éléphant. Cet animal, comprenant le danger de l'homme qui le soignait avec bonté,
prit sa défense, et au moment où la lionne s'élançait
sur le cornac, il la saisit avec sa trompe et la lança
contre les barreaux de sa cage, où la bête féroce expira.

L'empereur Domitien, ayant donné ordre de dresser
plusieurs éléphants pour qu'ils pussent jouer un ballet
dans le cirque, devant le peuple romain, il arriva que
l'un de ces animaux se trompa plusieurs fois pendant
la leçon et fut sévèrement admonesté par son cornac.
Après la leçon, cet animal se retira fort triste ; mais,
la nuit venue, on le surprit au clair de la lune qui répétait tout seul les pas que le professeur lui avait indi-
qués. Trouvez-moi au collége beaucoup d'écoliers aussi
studieux et aussi persévérants !...

L'ÉLÉPHANT ARTILLEUR.

Un fait tout nouveau, des plus curieux, est raconté
dans un mémoire du commissaire général de l'armée
anglaise dans l'Inde.

Lorsque le général Outram s'avança sur Lucknow, au mois de mars 1858, l'une de ses colonnes, commandée par un brigadier, fut surprise par les révoltés indiens entre Sultanpour et Fitz-Abad. A peine les Anglais avaient-ils eu le temps de se ranger en bataille et de mettre en batterie trois pièces de canon qu'ils faisaient porter par un éléphant nommé *Kubador-Moll II*, que les insurgés se précipitaient sur eux avec la plus grande impétuosité. Déjà une partie du détachement avait le dessous, et les artilleurs qui servaient les trois canons de la batterie étaient décimés et trop peu nombreux pour faire le service des pièces ; en ce moment, l'éléphant était posté sur les derrières et semblait examiner avec la plus grande attention les péripéties de la bataille, lorsqu'il s'aperçut que les canonniers manquaient de boulets ; cet animal, ne prenant conseil de personne, s'avança incontinent vers les caissons, saisit avec sa trompe des gargousses et des boulets qu'il s'empressa de porter aux artilleurs dans l'embarras. Les pièces venaient d'être chargées ; les ennemis s'avançaient par pelotons serrés, en faisant pleuvoir de tous côtés une grêle de balles ; en ce moment, les derniers canonniers tombèrent mortellement atteints. L'un d'entre eux, qui vivait dans l'intimité avec l'éléphant, s'écria avant d'expirer : « A nous ! mon brave Kubador ! à nous ! » A cet appel suprême, l'éléphant s'avance, saisit la mèche encore allumée, met le feu à une première pièce de canon chargée à mitraille qui jette le désordre dans les rangs ennemis. L'intelligent animal allait continuer son œuvre en mettant le feu aux deux autres pièces, lorsque quelques compagnies de troupes anglaises arrivèrent sur les lieux, et mirent en fuite les bataillons indous.

Que dire de l'intelligence de cet éléphant? Son action n'est-elle pas bien faite pour confondre notre raison et nous faire traiter avec plus de ménagement que
nous le faisons souvent tous les animaux de la création!...

LA CHASSE AUX ÉLÉPHANTS.

Comme on le pense bien, il n'est pas facile, et surtout sans danger, d'aller attaquer l'éléphant au milieu
des forêts qu'il habite, et surtout de lui livrer bataille
lorsqu'il est en troupe : il n'y a que les individus isolés
que l'on ose poursuivre.

Les nègres et les Indiens le chassent de plusieurs
manières : la première consiste à creuser d'immenses
fosses à travers la route que suivent ordinairement les
éléphants pour aller boire ; l'on recouvre ces fosses avec
des branches d'arbres et de l'herbe, et, lorsque les
éléphants viennent à passer sur ce fragile plancher, ils
sont précipités dans le trou, d'où ils ne peuvent s'é-
chapper; alors les chasseurs les tuent sans courir de
risques.

Diodore prétend que les habitants de la Mauritanie
donnaient la chasse aux éléphants en les poursuivant
avec grand bruit. Au moment où ces animaux prenaient la fuite, un hardi chasseur s'élançait sur les
jambes de derrière de l'animal et lui coupait les ten-
dons : il est vrai qu'il risquait beaucoup d'être écrasé,
mais généralement il réussissait, et laissait sa victime expirer pour aller, quelques jours après, s'em-

parer de ses défenses, seul objet de sa convoitise.

Les Indiens, qui se servent des éléphants, usent d'un autre moyen pour s'en procurer, cet animal ne produisant jamais de petits à l'état de domesticité.

Au printemps, des chasseurs sont envoyés à la découverte des endroits où vivent les éléphants sauvages ; lorsque l'on connaît le lieu où ils se tiennent, l'on construit, dans les environs de ce lieu, une enceinte assez vaste entourée d'une solide palissade de grands pieux ; on laisse une ouverture suffisamment large qui va en se rétrécissant du côté où l'on veut attirer des éléphants sauvages ; puis l'on met plusieurs jeunes femelles apprivoisées dans cette enceinte, et l'on se retire dans un endroit peu éloigné afin d'être à portée de tout voir.

Dès que les éléphants sauvages ont reconnu la présence des jeunes femelles, ils s'approchent peu à peu, et finissent toujours par entrer dans l'enceinte ; dès qu'ils y sont, l'on s'empresse de faire approcher deux éléphants domestiques, les plus vigoureux que l'on a pu avoir, puis l'on en place un de chaque côté de la sortie.

Dès qu'un éléphant sauvage aperçoit les sentinelles, il ne se trompe pas sur l'intention qui les a fait mettre là ; il entre alors dans la plus violente colère, se précipite vers l'ouverture pour se sauver ; mais les deux gardiens, aussitôt que l'animal se présente, enlacent leur forte trompe avec la sienne et le maintiennent de ce côté, pendant que les femelles viennent par derrière s'emparer de ses jambes. Alors l'animal furieux, mais incapable d'opposer aucune résistance, se laisse entraîner dans une prison obscure où on le met à la diète ; puis ensuite on le fait sortir avec la précaution de le placer entre plusieurs camarades apprivoisés ; s'il bouge, il est saisi par ses gardiens qui le maintiennent et le reconduisent dans son cachot, où il est soumis à un nouveau jeûne.

Nouvelle cérémonie est recommencée jusqu'à ce que l'animal, comprenant la parfaite inutilité de ses efforts, reste doux et tranquille. Lorsque le calme et l'obéissance ont remplacé la fureur, on comble l'éléphant de caresses et de bonnes choses et il est dompté à jamais.

Le premier éléphant qui vint en France depuis la fondation de la monarchie et dont il soit fait mention dans nos annales, c'est l'éléphant envoyé d'Orient par le sultan Haroun-al-Rachid à l'empereur Charlemagne, qui le reçut à Aix-la-Chapelle en 802 : cet animal mourut en 810. Saint Louis en ramena un de Palestine en France, dont il fit cadeau à Henri III, roi d'Angleterre.

L'éléphant le plus populaire que nous ayons eu est celui que le roi de Portugal donna à Louis XIV en 1668.

Cet animal avait quatre ans lorsqu'il fut amené à Versailles, où il vécut treize ans ; il avait été parfaitement dressé, son éducation était des plus complètes et son intelligence des plus développées ; mais cependant il avait conservé un fonds de férocité que l'on ne put jamais faire passer entièrement. Un peintre un jour, voulant le peindre dans une certaine position, donna l'ordre à un de ses domestiques de faire semblant de lui jeter des fruits : l'animal, impatienté en voyant qu'on le trompait, résolut de se venger ; mais au lieu de faire retomber sa vengeance sur le domestique, instrument involontaire de la mystification, il s'approcha doucement de l'artiste et couvrit le tableau qu'il était en train de faire d'une eau noire et fétide qu'il lança de sa trompe.

Une autre fois, un individu, au lieu de continuer à lui envoyer des fruits et des gâteaux, lui jeta à plusieurs reprises des pierres et des trognons. L'éléphant, rendu furieux, se saisit de l'imprudent, et, après l'avoir lancé en l'air à plusieurs reprises, l'écrasa contre un mur. Cet éléphant mourut en 1681, et le roi lui fit faire de pompeuses funérailles.

Un nouvel éléphant fut envoyé à Louis XV par M. Chevalier, gouverneur de l'Inde, en 1773. Cet éléphant excita moins de curiosité que celui venu sous Louis XIV, et pourtant c'était un animal des plus recommandables, et qui méritait, sous tous les rapports, les sympathies des amateurs. Il était un peu gourmand, il est vrai ; mais, hélas ! qui n'a pas ses petits défauts ? Il aimait l'eau-de-vie, le bon vin, les ragoûts les plus finement préparés ; il fallait que ses repas fussent servis à heure fixe, sans quoi il entrait dans une grande colère et poussait des cris effrayants, comme font généralement les enfants mal élevés. A ça près, c'était une bonne bête, très-intelligente, qui faisait mille petits tours très-espiègles à sa façon, mais il n'eut jamais à se reprocher ni un meurtre ni une blessure grave. Il mourut par accident. Pendant la nuit du 24 septembre 1783, ayant rompu ses liens et brisé les portes de son appartement, il tomba dans un bassin rempli de vase infecte où on le trouva asphyxié.

En 1794, Pichegru, ayant conquis la Hollande, trouva dans la ménagerie du Grand-Loo deux éléphants qu'il envoya en France. Ces deux éléphants, qui avaient été pris à l'âge d'un an dans les forêts de Ceylan,

étaient très-familiers et avaient le plus charmant caractère du monde. L'un s'appelait Parkie, l'autre Hams.

Hams et Parkie vivaient en liberté, se comportant
avec la plus grande décence. Ils étaient invités à toutes
les fêtes, avaient l'entrée des salons, et se présentaient
partout avec la plus familière urbanité. Ils montaient
les escaliers, les descendaient à reculons, jouant avec
les enfants et prenant bien garde de ne point commettre quelque action répréhensible ou incivile. Ils ac-
ceptaient volontiers du vin, des liqueurs et des friandises, mais ils n'en abusaient jamais.

Parkie et Hams, après avoir goûté toutes les douceurs d'une vie d'aisance et de paix, se trouvèrent tout
à coup soumis aux vicissitudes qui atteignent tout aussi
bien ici-bas les bêtes que les humains.

La république française ayant déclaré la guerre à
la Hollande, le stathouder négligea entièrement ses
éléphants, et les malheureux eurent à subir de grandes
privations : le bon temps des festins et des réceptions
était passé. Il fallait souffrir les conséquences de la
guerre. Parkie et Hams, comme de vrais philosophes,
se courbèrent sous les nécessités de l'époque ; pourtant ils avaient trouvé un ami dans leur cornac, qui
s'était attaché à eux. Cet homme fit tout au monde
pour que ses bêtes ne mourussent point de faim. Cependant les deux colosses dépérissaient et allaient succomber de besoin, lorsque l'armée française s'en empara et qu'ils furent envoyés en France, comme nous
l'avons dit, par Pichegru.

Ces animaux, embarqués séparément sur mer, furent dix mois pour arriver à Paris, où ils se retrouvè-
rent avec le plus vif bonheur. C'est sur ces deux animaux que l'on fit l'expérience de ce que pouvait

produire la musique sur les individus de leur espèce.

Les artistes du Conservatoire donnèrent un grand concert à proximité de leur loge. Dès les premières notes, les éléphants parurent ressentir une impression étrange : la frayeur semblait les avoir saisis. Peu à peu cependant ils prirent plaisir aux sons harmonieux du concert, et finirent par montrer de la satisfaction et un goût prononcé pour certains morceaux.

Les éléphants, depuis ce temps, ont été communs en France. Le Muséum d'histoire naturelle en a toujours possédé un ou deux, et des ménageries particulières ont souvent fait l'exhibition du plus gros des quadrupèdes.

LE RHINOCÉROS.

Le rhinocéros est le plus gros des quadrupèdes après l'éléphant. Il a généralement 12 ou 14 pieds de long sur 7 à 8 de hauteur.

Le rhinocéros n'a rien de particulier à nous offrir, si ce n'est son volume et une corne qu'il a sur le nez, et surtout l'étonnante épaisseur de sa peau, qui résiste aux balles du plus fort calibre. Une particularité de sa conformation est qu'il possède une lèvre supérieure qui s'allonge et lui sert à saisir les objets dont il veut se nourrir. Cette lèvre remplit chez lui les fonctions que remplit la trompe chez l'éléphant.

Le rhinocéros vit d'herbes, de racines et de jeunes plantes. Il habite généralement sur le bord des rivières et au milieu des marécages ; à l'exemple du cochon,

il aime à se vautrer dans la fange. Au reste, si ce n'é-
tait sa grosseur, la corne qu'il a sur le nez, ses quatre
grandes dents et la peau lisse qui le recouvre, il pourrait passer pour faire partie de la race porcine, dont il
a toutes les habitudes, toute l'abrutissante voracité et
la brusquerie. Il est insociable, taciturne ; quelquefois
il est hébété comme un idiot, dans d'autres moments il
entre dans des fureurs inexplicables.

Le rhinocéros est d'une force prodigieuse, et ce serait certainement l'un des plus terribles habitants des
déserts et des bois s'il avait des goûts carnassiers ; mais
sa force lui est presque inutile, vivant d'herbes et de
racines. Quelquefois cependant il se bat contre l'éléphant, qui le craint et l'évite malgré qu'il soit presque
certain de le vaincre, mais à cause de sa terrible énergie
que rien n'arrête.

Le tigre et le lion le suivent quelquefois et se jettent
sur lui dans les cas d'extrême famine ; mais ils sont
presque toujours fort maltraités, et n'en réchappent jamais lorsque la terrible corne du rhinocéros leur a dé-
cousu la peau.

A l'exemple de l'éléphant, on a essayé de civiliser
cet animal, l'on a même cherché à l'employer dans les
armées ; mais dès que le bruit de la bataille l'étourdis-
sait un peu, il entrait en fureur et se jetait indistincte-
ment sur les amis ou sur les ennemis, écrasant,
broyant tout dans son délire stupide.

Les Romains connaissaient cet animal et le firent
combattre à plusieurs reprises dans le cirque contre des
éléphants, des ours ou des taureaux. Il joutait avec les
éléphants, qui se servaient de leur intelligence et de
leur force pour éviter ses coups. La victoire restait
longtemps douteuse, à moins que le rhinocéros ne par-

vint à se glisser sous son antagoniste et à lui ouvrir le
ventre avec sa terrible corne, et encore il finissait par
périr sous les coups de l'éléphant. Quant aux ours et
aux taureaux, c'était un jeu pour lui : il les attendait et
les lançait à 20 pieds dans l'espace.

La chasse de ce quadrupède est très-difficile, toutes
les parties de son corps étant couvertes d'une épaisse
cuirasse qui le met à l'abri des armes les plus meurtrières, à moins que l'on ne l'atteigne dans les yeux ou
derrière les oreilles. Cependant les nègres le combat-
tent quelquefois, surtout lorsqu'il se jette sur leurs
plantations. Ils ont soin de ne l'attaquer que lorsqu'il
est endormi et de se sauver au plus vite dès qu'ils ont
déchargé leurs armes. Si l'animal est tué, ils revien-
nent le dépecer pour avoir la peau, dont ils font des
boucliers, et sa corne, dont ils fabriquent des vases qui
passaient autrefois pour avoir le privilége de ne pouvoir
contenir aucun poison, les matières vénéneuses se mettant en ébullition à son contact. Tous les monarques de
l'Orient, qui croyaient à cette fable, avaient bien soin
d'avoir des coupes de corne de rhinocéros.

Cet animal resta presque inconnu en Europe jusqu'au commencement du siècle dernier ; depuis, l'on
en a vu plusieurs en Angleterre, en France et en
Italie.

En 1748, il en vint un à Paris qui était doux et lé-
chait les mains de son gardien. Il buvait jusqu'à quinze
seaux d'eau par jour ; il aimait le vin et la bière, mais
il entrait quelquefois, sans aucune cause, dans des fureurs inexplicables.

L'HIPPOPOTAME.

L'hippopotame est un quadrupède presque amphibie, qui vit plus dans l'eau que sur la terre. Son volume est aussi considérable que celui du rhinocéros, seulement il a les jambes beaucoup plus courtes et la masse de son corps est bien plus compacte. Il n'habite guère que les lacs et les grandes rivières de l'Afrique méridionale. Il est totalement inoffensif et vit de poissons, d'herbes et de jeunes plantes qui croissent dans les endroits humides.

L'hippopotame était très-peu connu en Europe avant le commencement de ce siècle. Tout nouvellement, le Muséum d'histoire naturelle a fait l'acquisition de deux individus de cette espèce, qui semblent se porter assez bien, sans doute à cause des soins qu'on leur prodigue.

Nous avons vu ces animaux se plongeant au milieu des bassins destinés à cet effet, et nous sommes de l'avis des petits enfants qui les visitaient en même temps que nous : ils sont fort laids, leur structure est des plus disgracieuses ; leur volume considérable, leurs jambes courtes, leur chair molle, flasque et pendante, leur bouche immense, les rendent des êtres répulsifs pour tout le monde ; pourtant ils sont débonnaires et ne font jamais de mal à personne, mais ils ont l'air si abrutis, si ignobles dans tous leurs actes, qu'il est impossible de ne pas avoir de la répulsion pour eux.

LE CHAMEAU ET LE DROMADAIRE.

Voici l'un des animaux les plus utiles de la création pour l'homme. C'est un don précieux de la Providence, c'est encore une preuve vivante et palpable de la judicieuse bonté de l'Éternel.

Le chameau et le dromadaire ne forment qu'une même espèce, bien que d'une autre conformation et malgré la différence qui paraît exister entre eux, le dromadaire ayant deux bosses sur le dos et le chameau n'en ayant qu'une.

Le chameau est originaire des parties chaudes de l'Afrique et de l'Asie, surtout de l'Arabie, où il est commun et d'une utilité première.

Le chameau était déjà, dans les temps les plus anciens, soumis à l'homme et lui rendait des services considérables, qu'il n'était pas encore question du cheval et des autres animaux domestiques. Les enfants de Jacob parcouraient les déserts de l'Arabie et de l'Afrique avec de nombreuses caravanes de chameaux, que les chevaux vivaient encore à l'état sauvage. Cet animal a toujours conservé son mérite et son utilité, et il ne peut être remplacé par aucun autre quadrupède.

Les Arabes possèdent de nombreux troupeaux de chameaux et de dromadaires qui vivent avec eux sous des tentes, au milieu des campagnes arides. Les femelles de ces animaux fournissent un lait qui fait la plus grande partie de la nourriture de ces peuples. Leur poil sert à faire de grossières mais solides étoffes, qui sont employées à confectionner des tentes et des habits. Sa fiente, séchée, sert de combustible ; sa nourriture coûte si peu, que l'on ne saurait trop répéter que cet animal est un trésor, généreux présent de Dieu en faveur des peuples qui habitent les contrées incultes.

Le chameau, outre qu'il est sobre, est aussi doué d'une grande vigueur ; il peut porter facilement des fardeaux de six cents kilogrammes, et faire vingt ou trente lieues sans s'arrêter.

Le chameau est éminemment sociable, doux et bon ; cependant il ne faut ni l'humilier ni le battre ; si l'on était injuste et dur avec lui, à la première occasion il se vengerait.

Il est des plus sobres et vit d'excessivement peu et

des herbes les plus grossières. Sa conformation lui permet de prendre de la nourriture pour plusieurs jours, et surtout il possède un second estomac ou réservoir qui lui sert à contenir une provision d'eau qui peut se conserver pendant huit ou dix jours.

Sans le chameau, les relations des peuples qui habitent les contrées brûlantes de l'Asie et de l'Afrique seraient impossibles. Cet animal seul peut traverser les déserts immenses et arides qu'il faut parcourir pour aller d'un pays à un autre; aussi l'Arabe considère-t-il le chameau comme l'être le plus essentiel de son aisance, et l'ami le plus constant et le plus dévoué de sa famille. Dans ses voyages, il cause avec lui, il lui raconte ses affaires, ses pensées, l'encourage à la marche, et lui chante des chansons pour lui faire oublier les fatigues de la route. Si ce serviteur infatigable se ralentit quelquefois, ou qu'il se laisse tenter par quelques plantes rabougries, il le prend par les sentiments, lui fait part des pertes qu'il éprouvera, des dangers qu'il aura à courir s'il n'arrive pas au plus vite; si la bête est peu touchée de ces explications et préfère quelque chardon bien attrayant aux doléances de son maître, alors celui-ci lui adresse les plus terribles reproches, lui dit qu'il n'est qu'un chien, fils de chien, paresseux, gourmand et bon tout au plus à tourner une roue. L'animal quelquefois se pique de ces reproches et part à toutes jambes pour réparer le temps perdu, surtout si son maître a la précaution de lui faire de la musique avec des clochettes et de lui chanter certaines chansons qui ont l'art de le stimuler. Non-seulement le chameau est une des plus grandes faveurs du Tout-Puissant pendant sa vie, mais il est souvent encore, par sa mort, le sauveur des caravanes égarées ou que la soif ferait périr. La dernière ressource des Arabes qui traversent le désert, et qui sont perdus dans ces immenses solitudes sans eau, c'est de tuer quelques-uns de leurs chameaux pour se nourrir, et surtout pour trouver dans leur estomac l'eau salutaire qui s'y trouve renfermée.

Lors de la campagne d'Égypte, Napoléon créa des régiments de dromadaires, qui rendirent d'immenses services : deux soldats. assis dos à dos sur des selles faites exprès, parcouraient des distances immenses à la recherche des ennemis et leur apparaissaient tout à coup et préparés pour le combat.

La vitesse du chameau est assez grande, surtout lorsqu'il est stimulé par le chant de son conducteur. Sa marche est régulière et consiste en un trot continuel qui ne laisse pas de fatiguer les voyageurs qui se servent de cette monture et qui n'y sont pas habitués.

Napoléon Bonaparte, lors de l'expédition d'Égypte, fut forcé à plusieurs reprises de se servir de ce moyen de locomotion. Mais il n'en était nullement satisfait, et comparait les oscillations qu'il éprouvait pendant la marche de sa monture au tangage d'un vaisseau sur la mer. Il était pris de nausées et de maux de cœur qui le faisaient beaucoup souffrir ; cependant il subissait avec courage ces inconvénients pour profiter de la célérité du chameau, que rien ne pouvait remplacer.

Le chameau dont se servit Napoléon fut toujours un objet de respect et de vénération pour les habitants de l'Égypte, qui ne voulurent jamais, après le départ de l'armée française, que cet animal, qui du reste était des plus doux et des plus intelligents, fût monté par personne ni occupé à aucun travail ; les Égyptiens le respectèrent, comme ils vénérèrent toujours la mémoire du sultan juste, nom qu'ils donnaient à Napoléon.

Les chameaux n'existent plus à l'état sauvage, tous ont été soumis à la domesticité ; sans doute que le manque de défense aura livré les restes des races sauvages aux animaux féroces.

Lorsqu'un conducteur de caravane a maltraité un chameau, il faut absolument que cet animal se venge, sans cela il mourrait plutôt sur la place. Pour détourner cette vengeance, que l'on sait inévitable, l'homme qui a rudoyé un de ces animaux se dépouille de tous ses habits et les jette à la tête et sous les pieds du quadrupède, qui se précipite sur ces objets et les met en mille pièces.

Cette fureur passée, l'homme peut reparaître, et le chameau continue paisiblement son chemin : toute rancune est oubliée, l'animal est satisfait. Si cette conduite présente un mauvais côté, celui de la vengeance, elle montre aussi un certain caractère de justice, puisque le chameau se contente d'une réparation si peu sévère.

LE CHEVAL.

Après l'homme, le cheval, disent certains auteurs, est l'un des animaux les plus parfaits de la création. Il est fier, courageux, indocile peut-être lorsqu'il n'est pas encore dompté ; mais il est généreux, attaché à celui qui le sert habituellement, et reconnaissant pour les bons soins qu'on lui donne.

Le cheval à l'état sauvage est plein de feu, d'intrépidité ; rien ne saurait l'arrêter dans sa course : fossés, vallons, prairies, rivières, forêts, marécages, il franchit tout sans tourner les obstacles, lorsque la fièvre de courir s'est emparée de lui, ou lorsqu'il veut rejoindre sans retard le troupeau dont il a été éloigné accidentellement. C'est dans l'Ukraine, au milieu des steppes, où des milliers de chevaux vivent en toute liberté, qu'il faut étudier leurs mœurs et le caractère de ces animaux.

Le coursier sur lequel on attacha le fameux Mazeppa fit plus de 200 lieues sans s'arrêter, et ne ralentit sa course furieuse que pour expirer de fatigue au milieu de ses anciens camarades.

Les loups de l'Ukraine, qui sont nombreux, chassent souvent le cheval, mais ils choisissent ceux qui s'isolent; alors ils se précipitent sur lui et finissent par le faire expirer sous leurs morsures, après toutefois avoir payé un large tribut à la vaillance de l'animal, qui ne succombe jamais sans avoir cassé les reins ou la mâchoire à plusieurs de ses ennemis, et après en avoir écloppé bon nombre qui s'en vont, en hurlant, chercher des plantes médicinales pour panser leurs blessures.

C'est dans les pampas ou dans les immenses plaines de l'Amérique du sud qu'il est curieux de voir les innombrables troupes de chevaux sauvages parcourir ces déserts; l'on en a vu quelquefois des bandes de plus de dix mille. Lorsqu'il s'agit de changer de contrée, le commandement de cette armée paraît appartenir à un cheval de première force; c'est lui qui dirige l'émigration, qui choisit les chemins, prévoit les dangers et s'expose le premier.

Lorsque les chevaux sont en nombre, ils ne craignent pas les attaques des bêtes fauves; si ce sont des loups qui les attaquent, ils se mettent en rond, présentant le train de derrière à leurs ennemis, et à la moindre approche de ceux-ci, la plus terrible ruade accueille le téméraire qui ose regarder de trop près. Il est rare que les loups, si nombreux qu'ils soient, parviennent à rompre l'ordre de bataille des chevaux; après différentes tentatives, après la réception d'une certaine quantité de horions, les bêtes fauves se retirent en grinçant des dents, non toutefois sans avoir dévoré les frères malheureux qui se sont laissé blesser gravement dans l'attaque. Il est

avéré que le proverbe « Les loups ne se mangent pas
entre eux » est faux : ils se jettent très-bien les uns sur
les autres lorsqu'il y en a de blessés gravement.

Les chevaux quelquefois se battent en duel avec ces
animaux. Par exemple, lorsqu'un seul loup se présente
et ne prend pas la fuite à l'aspect de plusieurs chevaux, l'un de ces derniers, le plus jeune, va droit au
loup, et, au moment où celui-ci se jette sur lui, il le
saisit avec ses dents, l'enlève de terre et l'envoie à
quinze pas mesurer le sol. Si le loup n'est pas tué il se
sauve au plus vite, mais il est rare qu'il en réchappe;
alors le cheval se retire avec ses camarades témoins du
combat, la tête haute, en poussant un hennissement
de triomphe.

Dans les savanes de l'Amérique, l'ours et le coguar
sont, après le chasseur, les deux seuls ennemis redoutables pour le cheval. L'ours gris surtout est un adversaire des plus terribles. Pourtant il attaque rarement les
chevaux qui vivent en famille, bien convaincu que
toute la bande lui livrerait bataille et se ferait exterminer tout entière plutôt que d'abandonner un de ses
membres.

Le coguar, animal carnassier du genre des tigres,
est bien plus redoutable à cause de son agilité. Pourtant il y regarde à deux fois avant de se lancer au milieu d'une bande de chevaux, et il n'attaque guère que
ceux qui s'écartent des autres.

Les chevaux sont originaires de l'ancien continent,
et n'existent en Amérique que depuis la conquête des
Espagnols, qui en transportèrent bon nombre d'Europe
qui se sauvèrent dans les bois et y ont pullulé depuis.

La plus belle race de chevaux est la race arabe. Rien
n'est comparable à l'ardeur, à la grâce et à l'intelli-

gence de certains chevaux de l'Arabie. Il est vrai de dire que les chevaux sont considérés par les Arabes comme des membres de leur famille, comme des amis sur le courage et la vélocité desquels reposent l'honneur, la gloire et la fortune de ses possesseurs : les soins les plus touchants sont prodigués par tout le monde au cheval, sous la tente de l'Arabe; aussi cet animal parvient-il à un degré d'intelligence et de vigueur inconnu ailleurs.

Les Anglais ont formé, du sang de plusieurs races étrangères, une race surnommée anglaise; mais qu'il y a loin des produits de ce mélange avec les belles races andalouses ou arabes! Les Anglais ont formé des chevaux qui paraissent extraordinaires pour la beauté des formes et pour la rapidité de leur course, mais tout cela est superficiel. Le cheval anglais, assez élégant malgré ses formes grêles, est assez rapide à la course pour parcourir un certain espace, mais est le plus mauvais cheval de service qu'il y ait au monde. Les jeux et les fantasmagories du turff ne feront jamais que des bêtes élevées la plupart du temps contre nature, soumises à des soins dispendieux et à des méthodes peu en rapport avec la nature et les habitudes du cheval, parviennent jamais à créer quelque chose de bon malgré les apparences.

L'Allemagne et la France, ainsi que l'Espagne, ont encore de bonnes races de chevaux propres aux fatigues et aux longues courses; mais la France déjà se laisse aller aux exagérations et aux excentricités de ses voisins d'outre-Manche.

Quelques riches particuliers reçoivent chaque année des prix pour des courses tout aussi puériles qu'elles sont onéreuses pour l'État, et peu favorables à la véritable amélioration de la race chevaline.

Le cheval est le compagnon le plus actif et le plus utile de l'homme ; sans lui l'espèce humaine serait encore de plusieurs siècles en arrière dans la civilisation. Maintenant il est vrai que les chemins de fer et les mille inventions de l'homme ont rendu la nécessité du cheval moins grande, cependant il forme encore à lui seul la bonne partie de la force et de la richesse de l'humanité.

Les Arabes tiennent plus aux titres de noblesse de leurs chevaux qu'à toutes les marques de distinction qui pourraient leur être personnelles.

Les chevaux espagnols sont les plus beaux après les races arabes, sans doute parce que ces animaux proviennent des espèces qui furent amenées en Espagne par les Maures lors de la conquête.

Les petits chevaux scandinaves ne travaillent généralement que l'hiver ; l'été on les lâche dans les forêts, où ils restent en liberté jusqu'aux premiers mauvais temps : alors vous les voyez revenir des endroits les plus éloignés et se rendre chacun à son étable sans se tromper. Si par hasard les maîtres de ces chevaux en ont besoin pendant les beaux jours, ils n'ont qu'à les appeler dans les endroits où ils vivent, ils se rendent immédiatement à cet appel, font la besogne et retournent ensuite avec leurs camarades.

Les chevaux sont doués d'un instinct bien plus développé que les autres animaux.

En 1757, il existait dans un régiment un vieux cheval qui n'avait plus de dents. Plusieurs fois il avait été question de le mettre à la réforme, pourtant il était fort et dispos. Chacun se demandait comment cet ani-

mal faisait pour broyer l'avoine et la paille qui lui servaient de nourriture, lorsqu'un jour l'on découvrit que
ses compagnons de droite et de gauche avaient soin de
triturer la ration d'avoine et de paille de leur vieux camarade, ce qui lui facilitait la digestion de ces aliments.

Ce qui semblerait prouver que les chevaux ont une
bonne mémoire, c'est l'histoire de ce cheval, qui avait
double ration d'avoine le lundi et le jeudi, parce que
ce jour-là il avait plus de mal que d'habitude. S'il arrivait par hasard que l'on oubliât de lui donner sa double
ration, il entrait en fureur; les autres jours, il ne disait rien.

Lorsque les chevaux prennent des habitudes, il est
très difficile de les leur faire perdre.

Un cheval ayant appartenu à un voleur de grand
chemin, avait pris l'habitude de se mettre en travers de
la route pour la barrer. Le voleur s'étant défait de cet
animal, celui qui l'avait acheté ne put le conserver,
parce que cette bête ne pouvait s'empêcher de se mettre
en travers des sentiers dès qu'il apercevait quelqu'un.

Un cheval apercevait à un pauvre officier de fortune lui avait été volé pendant que son régiment était
de passage en Picardie; cette perte avait été très-sen-
sible pour l'officier, mais il avait bien fallu s'en consoler, puisqu'il avait été impossible de retrouver les traces
de cet animal.

Il y avait environ trois mois que le fait s'était passé,
lorsqu'un jour le régiment traversait la place de la Con-
corde pour aller à une revue. La musique se faisait
entendre, lorsque tout à coup un cheval attelé à une
petite voiture, dans laquelle se trouvait un individu, se
précipita au milieu de la troupe malgré tous les efforts
de son maître. Il y eut d'abord une grande rumeur;

mais jugez de la surprise de la compagnie au milieu de laquelle le cheval s'était précipité, en reconnaissant le coursier volé en Picardie. Les soldats se jetèrent à la bride du cheval en interpellant le cocher, qui balbutia et se sauva à toutes jambes, abandonnant cheval et voiture aux mains des soldats. L'officier reprit ainsi sa monture, un peu maigre, il est vrai, mais il retrouva dans la voiture plusieurs sacs d'argent qui ne furent jamais réclamés, avec lesquels il put s'indemniser et la faire engraisser.

LE CHEVAL D'ALEXANDRE.

Le roi Philippe de Macédoine avait un cheval de Thessalie dans ses écuries qui était de la plus grande beauté, mais il était si fougueux, que personne n'avait pu le dompter.

Alexandre, qui devait un jour remplir le monde de sa renommée, n'était encore qu'un enfant; mais déjà il avait appris à réfléchir et à juger les causes des effets qu'il voyait. Un jour où tous les célèbres écuyers de la cour de Philippe avaient échoué devant les terribles écarts du cheval, il fut ordonné par le roi de se défaire de cette bête si intraitable.

— Hélas! dit tout haut le jeune homme, quel malheur que l'ignorance de tous ces gens va nous faire perdre un si bon cheval!

— Quoi! dit sévèment Philippe à son fils, prétendriez-vous être plus habile et plus fort que tous mes écuyers?

— Permettez-moi d'essayer à mon tour de dompter cet animal, dit Alexandre, et vous verrez si j'ai tort.

— Faites, dit le roi irrité, mais prenez garde qu'il ne vous casse les reins.

Le jeune homme avait remarqué que ce qui rendait le cheval furieux, c'étaient les rayons du soleil qui lui frappaient dans les yeux. Il s'approcha doucement de l'animal, lui mit la tête à l'ombre, le flatta, puis s'élança tout d'un coup sur son dos. Le quadrupède partit d'abord au grand galop, fit quelques sauts, puis se calma et revint dompté vers Philippe de Macédoine, qui embrassa son fils les larmes aux yeux et lui dit :

— La Macédoine est un royaume trop petit pour un courage aussi grand !

Alexandre, ayant reçu de son père ce cheval en présent, le nomma Bucéphale ; il en fit son cheval favori, et depuis ce jour en prit un soin tout particulier : il s'établit même une espèce d'amitié entre le coursier et le cavalier. Pendant le combat, le cheval portait la tête haute et fière, veillait au salut de son maitre et lui évitait les coups les plus funestes. Cet animal semblait doué d'un instinct extraordinaire ; il joignait l'adresse à la vigueur ; on aurait pu même lui supposer du raisonnement.

Un jour, dans une escarmouche, des barbares ayant pénétré jusqu'à l'endroit où se trouvait Bucéphale s'en emparèrent. Alexandre, en apprenant cette perte, entra dans une colère terrible et ordonna d'exterminer les barbares jusqu'au dernier. Les peuples qui avaient le cheval d'Alexandre, ayant appris cette sentence, s'empressèrent de lui renvoyer son coursier chargé des plus riches présents, ce qui leur valut leur grâce.

Lorsque Bucéphale commença à vieillir, Alexandre

le combla de prévenances , et ne resta jamais un jour sans le visiter. Il ne le montait plus qu'au moment du combat.

Le roi de Macédoine, toujours outré dans ses volontés, fit élever un superbe mausolée à son cheval favori lorsqu'il mourut, et environna ce mausolée d'une ville qu'il nomma Bucéphalie.

LE CHEVAL DE HENRI IV.

Henri IV avait un cheval pour lequel il avait la plus grande affection. Cet animal tomba malade; tous les soins imaginables lui furent prodigués par ordre du roi, qui avait juré qu'il ferait pendre le premier qui viendrait lui dire que son vieux compagnon de guerre était mort. Cette bête étant trépassée, personne n'osait se risquer à prévenir le roi de cette perte : pourtant un courtisan se dévoua.

Il s'habilla tout de deuil, et du plus loin qu'il vit le roi, il se mit à pousser des sanglots, en s'écriant :

— Sire... ah ! sire, votre cheval... le vaillant cheval de Votre Majesté... Hélas ! hélas ! votre beau cheval...

— Ventre-saint-gris ! s'écria le roi, je parie que mon cheval est mort ?

— C'est vous, sire, qui vous l'êtes annoncé à vousmême, s'écria aussitôt le courtisan ; mon respect pour votre personne m'aurait empêché de vous faire part de cette funeste nouvelle.

Le roi prit assez bien la chose et ne fit pas pendre le messager.

INCITATUS, CHEVAL DE CALIGULA.

Le cheval de l'empereur Caligula est une des bêtes les plus importantes de l'histoire : ce cheval s'appelait Incitatus.

Incitatus avait un palais, des écuries de marbre, des mangeoires d'albâtre et de porphyre, de nombreux serviteurs et une foule de courtisans et d'adulateurs qui briguaient l'honneur d'être admis à sa table.

Le cheval de l'empereur était recouvert d'habits de sénateur ; on lui servait ses repas, qui consistaient en foins odorants et en orge dorée, dans des vases d'or et d'argent. L'empereur fit rendre un édit qui rendait son cheval inviolable et sacré et le nommait grand pontife. Il s'apprêtait à se l'associer à l'empire, lorsque Chéréas fit justice du monstre, qui méprisait assez l'espèce humaine pour la faire gouverner par un cheval. N'est-il pas vraiment pénible de penser qu'il se trouvât une foule de gens de la première noblesse de Rome assez lâches et assez misérables pour applaudir toutes les folies et toutes les turpitudes de cet empereur qui lui-même voulait passer pour un dieu ! Assurément le cheval Incitatus méritait les honneurs divins tout autant que son maître, et les peuples avilis de cette époque pouvaient bien se laisser gouverner par une bête inoffensive, puisqu'ils étaient habitués à se laisser conduire par des Néron, des Tibère et des Caligula !

L'existence du cheval dure de vingt-cinq à trente ans au plus.

Malgré la douceur ordinaire des chevaux, il y en a quelquefois parmi eux qui sont intraitables et ne se domptent jamais. *La Gazette de France* raconte qu'il existait un cheval en Angleterre qui était carnivore et se jetait sur les petits animaux pour les dévorer, et il paraîtrait même qu'à plusieurs reprises il a éventré ses gardiens pour leur manger les entrailles ; fort heureusement ces exemples sont rares parmi la race chevaline.

Les Arabes sont tellement attachés à leurs juments qu'ils consentent difficilement à s'en défaire.

Pendant l'occupation de l'Égypte par l'armée française, Napoléon Bonaparte voulut avoir des chevaux de race ; on lui en amena plusieurs d'Arabie, entre autres une magnifique jument conduite par son propriétaire, qui ne la cédait que pour un prix exorbitant. Enfin l'on avait consenti à lui payer sa bête ce qu'il en demandait. L'on était en train de lui compter l'or qu'il devait emporter, lorsque tout à coup cet homme se trouva pris d'un tremblement nerveux : les larmes jaillirent sous ses paupières, il se mit à embrasser sa jument et à lui donner les plus doux noms. « Hélas ! disait-il, qui donc fera maintenant la joie de ma famille, qui pourra remplacer tes douces caresses, ô ma jument chérie ; bien sûr mes enfants vont pleurer lorsqu'ils sauront que je t'ai vendue, et ma femme me maudira. Hélas ! hélas ! » Puis tout à coup, enfourchant sa monture, il pique des deux et se sauve en s'écriant : « Non, non ! gardez votre or, je ne vous céderai point la plus grande joie des miens et mon bonheur à moi. » Et il retourne au milieu de sa tribu à travers un désert de plus de 150 lieues.

Un vieil Arabe avait été forcé de vendre une cavale qu'il avait élevée. Il ne put jamais s'en consoler. Il allait la voir tous les jours et lui adressait chaque fois les choses les plus attendrissantes. Pendant bien longtemps l'Arabe ne manqua jamais de visiter son ancienne compagne; pourtant un jour il ne revint plus. Le pauvre homme était mort de chagrin.

M. de Lamartine raconte, dans son voyage en Orient, qu'un Arabe et sa tribu avaient attaqué dans le désert la caravane de Damas. La victoire était complète et les Arabes étaient déjà occupés à charger leur butin, quand les cavaliers du pacha d'Acre, qui venaient à la rencontre de cette caravane, fondirent à l'improviste sur les Arabes victorieux, en tuèrent un grand nombre, firent les autres prisonniers, et, les ayant attachés avec des cordes, les emmenèrent à Acre, pour en faire présent au pacha. Abou-el-March, c'est le nom de l'Arabe dont il est question, avait reçu une balle pendant le combat. Comme la blessure n'était pas mortelle, les Turcs l'avaient attaché sur un chameau et s'étaient emparés de son cheval. La veille du jour où ils devaient entrer à Acre, ils campèrent avec leurs prisonniers dans les montagnes de Saphot. L'Arabe blessé avait les jambes liées par une courroie de cuir et était étendu près de la tente où couchaient les Turcs. Pendant la nuit, tenu éveillé par la douleur de sa blessure, il entendit hennir son cheval; ne pouvant résister au désir d'aller parler encore une fois au compagnon de sa vie, il se traîna péniblement sur la terre à l'aide de ses mains et de ses genoux et parvint jusqu'à son coursier. « Pauvre ami, lui dit-il, que feras-tu parmi les Turcs? Tu seras emprisonné sous les voûtes d'un kan avec les chevaux d'un agha ou d'un pacha; les femmes et les enfants ne t'apporteront plus le lait de chameau, l'orge et le doura dans le creux de la main ; tu ne courras plus libre dans le désert comme le vent de l'Égypte ; tu ne fendras plus de ton poitrail l'eau du Jourdain, qui rafraîchissait ton poil aussi blanc que son écume ; qu'au moins, si je suis esclave, tu restes libre ! Tiens, va, retourne à la tente que tu connais ; va dire à ma femme qu'Abou-el-March ne reviendra plus, et passe la tête entre les rideaux de la tente pour lécher la main de mes petits enfants. »

En parlant ainsi, Abou-el-March avait rongé avec ses dents la corde de poil de chèvre qui sert d'entrave aux chevaux arabes, et l'animal était libre. Mais voyant son maître blessé et enchaîné à ses pieds, le fidèle et intelligent coursier comprit, avec son instinct, ce qu'aucune langue ne pouvait lui expliquer. Il baissa la tête, flaira son maître, et, l'empoignant avec ses dents par la ceinture de cuir qu'il avait autour du corps, il partit au galop et l'emporta jusqu'à ses tentes. En arrivant et en jetant son maître sur le sable aux pieds de sa femme et de ses enfants, il expira de fatigue. Toute la tribu l'a pleuré, les poëtes l'ont chanté, et son nom est constamment dans la bouche des Arabes de Jéricho.

A Aigues-Mortes et dans les environs, l'on donne le nom de Loup-Drapé à un cheval fabuleux qui est la terreur des petits enfants, auxquels l'on dit, lorsqu'ils sont méchants : « Loup-Drapé t'emportera si tu continues à mécontenter tout le monde. »

Voici l'histoire véridique d'un cheval anglais, racontée par le spirituel Léon Gatayes ; seulement, nous observerons que le cheval dont il est question pourrait bien être un des nombreux chevaux étrangers importés en Angleterre.

HISTOIRE D'UN CHEVAL ANGLAIS.

Le nom de Dick Turpin n'est pas moins célèbre en Angleterre que ne l'est en France celui du fameux Cartouche. Ces voleurs émérites étaient contemporains ; mais déjà Cartouche avait expié ses crimes sur la roue, lorsque, grâce à une incomparable jument, Dick Turpin échappa, une fois encore, à la potence qui l'attendait plus tard.

Cette jument, nommée Black-Bess, était issue d'un étalon arabe et d'une jument de *pur sang*. A cette époque le cheval de pur sang anglais n'avait pas toute la légèreté du *racer*, du cheval de course actuel ; mais il avait, qualités bien plus précieuses, la force, le fonds et cette longue résistance à la fatigue que sont bien loin de posséder les plus brillants vainqueurs de nos hippodromes. Néanmoins sa vitesse était si grande et en même temps si soutenue, qu'elle mit plusieurs fois Dick Turpin à même d'établir des alibi, en le transportant à des distances telles qu'il paraissait impossible de les avoir franchies en si peu de temps, surtout à une époque où les chemins de fer et même les routes macadamisées n'existaient pas.

Cependant, à la suite de circonstances où Dick avait été positivement reconnu, sa tête fut mise à prix, et, un soir qu'il était à Londres, une trahison ayant fait découvrir le lieu de sa retraite, trois agents de police, montés sur d'excellents chevaux, se présentèrent pour l'arrêter. Prévenu de leur approche, Turpin monta sur sa jument, qui, malgré une très-longue course faite la veille même, attendait toute sellée et bridée dans la cour. D'abord Turpin ne se pressa pas, car il avait trois ou quatre minutes d'avance : aussi les agents croyant Black-Bess fatiguée, mirent-ils leurs chevaux au galop, comptant sur un succès facile; mais il ne devait pas en être ainsi.

Il faudrait des pages entières pour raconter les épisodes de cette fuite émouvante, que rien peut-être n'a surpassé chez aucun peuple ancien et moderne; de cette poursuite incessante, acharnée, durant laquelle les agents changèrent vingt fois de chevaux, car ils mirent tout à contribution, les chasseurs et les propriétaires, comme les maîtres de poste, lorsque la poursuite devint tout autre que celle sur laquelle ils avaient compté.

D'abord on avait fait une douzaine de kilomètres sans que Turpin parût avoir un plan arrêté; mais, prenant tout à coup une détermination, il résolut de la suivre. Il était alors près des vastes bruyères d'Hamps; la nuit se faisait : bientôt la noire robe de Black-Bess devait échapper aux regards en se perdant dans la plaine immense, et Dick s'y précipita. Cependant les agents l'y suivirent jusqu'à la grande route d'York, où à leurs cris une barrière de péage, haute de six pieds et garnies de pointes de fer, fut fermée devant Turpin. Mais il s'y attendait, et Black-Bess la franchit sans la toucher. La porte s'étant ouverte ensuite pour les policemen, la chasse s'était prolongée jusqu'à 32 kilomètres, lorsque, arrivés près d'un relais de poste, les poursuivants s'empressèrent d'y changer leurs chevaux, à bout de forces et d'haleine.

Pendant ce temps, Turpin, s'abandonnant à une folle inspiration, s'écria : « Parbleu ! je le ferai ! » Il avait résolu de gagner York, à 320 kilomètres (à 80 lieues) de Londres, qu'il venait de quitter !

A l'imitation de Cartouche, rompu vif une quinzaine d'années plus tôt, et voulant comme lui narguer ceux qui le poursuivaient, il pria un paysan sur son passage de dire à trois amis, dont l'arrivée ne pouvait tarder, qu'il allait les attendre à York.

La commission fut faite, et les agents ne pouvaient croire à une pareille fanfaronnade, lorsque des étincelles brillant dans la nuit noire leur indiquèrent la place où, se moquant d'eux, Turpin battait tranquillement le briquet pour allumer sa pipe. « Le voilà ! s'écrièrent les policemen, le voilà ! » Et poussant à fond de train les chevaux frais qu'ils venaient de se procurer, ils s'élancèrent à sa poursuite. Mais à leur approche, et après avoir mis le feu à son tabac, Dick avait remis sa jument au galop, et, sorti des bruyères pour accomplir son projet insensé, il s'arrêta à une auberge. Là, il se fit servir du porter et de l'ale dont il donna une partie à Black-Bess ; puis, après l'avoir remontée, et serré de près par les agents qui criaient : « Arrêtez ! » il franchit une petite charrette attelée d'un âne que le conducteur avait mise en travers de la route pour lui barrer le passage.

Il parvint ainsi à gagner une autre auberge où il était connu et protégé ; on lui donna deux bouteilles d'eau-de-vie et un bifteck cru : ce bifteck, attaché au mors dans la bouche de la jument, devait, sous l'action de la bride, y répandre quelques sucs nourriciers. Il lui frottait les jambes avec de l'eau-de-vie et lui en bassinait le corps, lorsque l'approche de ses ennemis le força à fuir par une porte de derrière, et quelques pas plus loin il faisait glisser Black-Bess sur la pente d'un véritable précipice, qu'elle remonta de l'autre côté avec l'adresse et l'agilité d'un chat.

Pendant ce temps les agents enfonçaient la porte que Dick avait refermée sur lui ; mais arrivés au bord de l'abîme, ils s'arrêtèrent effrayés, et furent obligés de faire le tour par le devant de l'auberge. Alors ils aperçurent au clair de la lune Dick qui, profitant de son avance, coupait à travers la prairie, franchissant haies, fossés et barrières pour se diriger tout droit vers York.

Mais Black-Bess n'y arriva pas. Après être tombée une première fois épuisée, à une petite distance de la ville, elle s'était relevée pour reprendre sa course ; puis, près d'y arriver, au moment d'entrer dans ses murs, elle s'arrêta, soufflant horriblement et par saccades, le flanc convulsif, et, s'affaissant sur ses jambes tremblantes, elle tomba morte au moment où six heures sonnaient... Elle avait fait 320 kilomètres en onze heures.

Son maître, fou de désespoir, n'abandonna le corps de cette amie fidèle que pour sauver sa propre tête. Il s'était jeté sur le corps de Black-Bess et cherchait à la ranimer, lorsqu'un de ses camarades venant à passer lui dit : « Que fais-tu là, Dick ! es-tu fou ? Si tu n'entres dans la ville, tu vas être pris. »

Le conseil arrivait à temps, car à peine Turpin venait-il d'abandonner le corps de sa fidèle compagne que les agents arrivaient. Mais ils ne trouvèrent que le cadavre encore fumant de Black-Bess, et, épuisés eux-mêmes, ils entrèrent dans la première auberge de la ville pour se reposer. Là se pavanait un paysan en blouse auquel ils racontèrent leur mésaventure, et ce paysan n'était autre que Turpin, si bien déguisé, que cette fois encore il échappa à la justice. Mais après avoir acheté un autre cheval, cheval excellent il est

vrai, mais incapable de remplacer Black-Bess, il fut
pris deux ans après, pendu, et précisément à York
même.

Léon Gatayes.

L'ANE.

Qui de vous ne connaît l'âne, ce débonnaire quadrupède pourvu d'un instrument si retentissant et d'un entêtement proverbial, puisque l'on dit : « Entêté comme
un âne ? » Eh bien ! ce pauvre animal, qui rend de si
précieux services aux petits cultivateurs de nos campagnes, vaut vraiment mieux que sa renommée.

L'âne est l'animal le plus sobre et le plus patient
d'entre tous les animaux. Cependant il se révolte quelquefois, et, lorsqu'il tient à passer dans un herbage, il
est assez difficile de l'empêcher d'accomplir son dessein ; à cela près, c'est un fidèle serviteur, qui fait du
chemin malgré son allure de petite vitesse.

Qui d'entre nous ne s'est pas exercé, au moins une fois
en sa vie, sur le dos de l'un des ânes du bois de Boulogne,

sur l'échine de l'un de ces indolents quadrupèdes qui ne prenaient jamais le trot que pour revenir à l'écurie, où les attendaient cependant de nouveaux amateurs avec de nouvelles tribulations. Cela me rappelle que, pour mon compte, un certain jour de fête où j'étrennais un superbe habit bleu barbeau, avec des boutons dorés, il me prit la fantaisie de caracoler sur le dos de l'un de ces ânes. Hélas ! bien mal m'en prit, car je ne fus pas plus tôt à califourchon sur l'animal que, voulant le forcer à accélérer le pas, il me conduisit au beau milieu d'un affreux bourbier où le traître m'étendit, à la grande satisfaction des gamins, des bonnes d'enfants et des badauds.

L'on a toujours supposé que l'âne était peu amateur des beaux-arts ; eh bien, plusieurs expériences ont prouvé que cet animal aux longues oreilles goûtait les douceurs de la musique avec une grande satisfaction. L'on raconte à ce sujet qu'un certain détrousseur de grands chemins, et surtout amateur d'ânes, avait composé un air sur la flûte avec lequel il entraînait tous ces auditeurs aux longues oreilles.

Un journal raconte qu'un jeune âne fut un jour tellement excité par les sons harmonieux d'un concert, qu'il se précipita à travers la fenêtre d'un appartement pour être plus près des musiciens.

Bayle, dans son Dictionnaire historique, rapporte que le savant Ammonius, qui enseignait les belles-lettres à Alexandrie, avait un âne qui ne manquait jamais d'assister aux leçons du maître et s'y comportait très-décemment. Il raconte même que l'âne approuvait ou désapprouvait avec une excellente judiciaire tout ce qui se disait dans ce cours ; seulement Bayle ne dit pas dans quelle langue s'exprimait cet âne.

En Égypte, et dans une partie de l'Asie et de l'Afrique, l'âne est la monture de prédilection des gens paisibles.

Certaines tribus indiennes ont une grande vénération pour les ânes en général, et les considèrent comme des frères, et peut-être davantage ; car pendant l'orage l'âne est admis sous le toit, tandis que le voyageur est forcé de rester à l'injure du temps. Ce pays-là doit être le paradis des ânes ; et c'est heureux qu'il soit si peu connu et si éloigné, car il causerait dans certaines parties de notre Europe une grande dépopulation d'ânes, qui y sont cependant fort nombreux.

On trouve des ânes sauvages dans différentes parties de l'Afrique.

L'âne vit, comme le cheval, vingt ou trente ans.

En somme, l'âne est un animal des plus utiles et qui rend de bons et loyaux services. Sa patience est à toute épreuve, et il est rare qu'il se venge des mauvais traitements qu'on lui fait endurer autrement que par une espèce de mépris.

Nous avons vu des ânes, traités avec douceur, arriver à un degré d'intelligence dont on ne les croyait pas susceptibles.

La peau d'âne sert surtout à fabriquer des tambours.

Lorsque, parfois, je rencontre de bons ânes travaillant avec zèle; je me demande s'il n'est pas injuste de les comparer à certains écoliers paresseux et incommodes. Vraiment, si les ânes pouvaient parler, ils réclameraient contre cette assimilation, qui est injurieuse pour leur race entière. Il est vrai que l'âne est têtu; mais, en dehors de ce travers, il a mille bonnes qualités, et puis le bâton est un ultimatum qui finit toujours par produire son effet avec lui.

La cause du dicton populaire : *Pour un point, Martin perdit son âne*, n'a point encore été bien éclaircie. Est-il vrai, comme le disent certains érudits, qu'un abbé Martin perdit son abbaye, parce qu'il manquait un point à une inscription écrite sur la porte du monastère ? Je doute du rigorisme littéraire du pape auquel l'on attribue cette sévérité.

LE ZÈBRE.

Le zèbre est un animal de la famille des ânes. Il habite les parties méridionales de l'Afrique, et est tellement sauvage que jusqu'ici il a été impossible d'en apprivoiser. Il a l'air plus fier que l'âne de race. Sa peau est rayée très-régulièrement par de grandes bandes noires et blanches.

L'ONAGRE.

L'onagre est encore un animal de l'espèce des ânes ; il est plus grand, plus fort et plus robuste, mais indomptable. Il est originaire de l'Afrique, où il vit à l'état sauvage.

Les onagres et les zèbres vivent en troupes et paraissent obéir à un chef qui marche toujours le premier dans les longues courses, ou lorsqu'il s'agit de livrer bataille à quelque ennemi.

Rien n'est élégant et léger comme ces animaux, mais aussi rien n'est fantasque, têtu et indomptable comme eux.

Le Muséum d'histoire naturelle possède toujours quelques-uns de ces animaux, et l'on a essayé plusieurs fois d'en apprivoiser en les prenant tout jeunes : rien n'a pu changer leur caractère indocile.

L'on était parvenu à civiliser un peu une jeune femelle qui avait produit un petit, et on l'attelait quelquefois à une voiture ; mais, au moment où l'on s'y attendait le moins, cette bête entrait dans une fureur épouvantable, s'emportait, ruait et finissait toujours par briser les harnais et les liens qui la retenaient. Quant à son petit, qui fut élevé avec le plus grand soin, l'on espérait beaucoup le rendre docile et doux ; mais lorsqu'il eut atteint l'âge d'un an, il devint méchant, intraitable et féroce, ne se laissant approcher par personne, accueillant ses gardiens à coups de pied ou cherchant à les mordre. Un jour même il saisit un âne débonnaire que l'on avait mis près de lui, pour lui donner sans doute l'exemple de la tranquillité, sinon de l'obéissance ; il saisit, disons-nous, son docile compagnon par une oreille, et le força, malgré ses plaintes et son opposition, à faire mille tours avec lui dans l'enceinte où ils étaient enfermés, et l'on ne parvint à faire cesser qu'avec beaucoup de peine le supplice de l'âne, qui perdit à ce jeu cruel une oreille, mangée par son ennemi. L'on fut obligé de le séparer de ce mauvais camarade, qui resta seul et continua à se livrer à ses caprices.

Ce serait donc avec plus de justice qu'il faudrait dire des enfants intraitables, qu'ils ressemblent à un onagre.

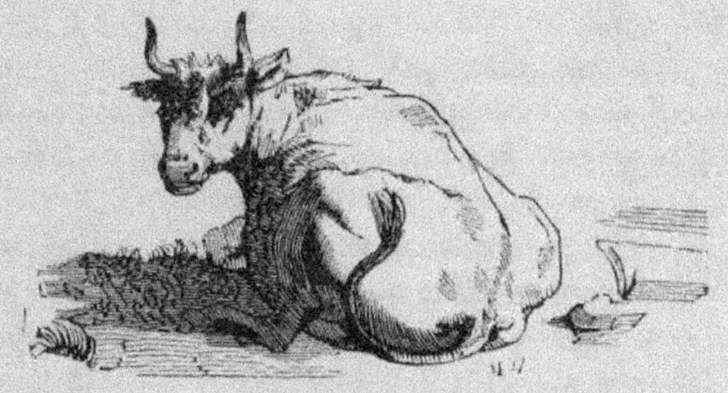

LE BŒUF.

Le bœuf est une excellente bête qui rend une multitude de services à l'homme pendant sa vie, et le nourrit encore de sa chair après sa mort.

Le bœuf à l'état de bœuf est un animal des plus débonnaires. Doué d'une grande force, muni de terribles défenses, il aurait pu se soustraire au joug de l'homme ; mais sa stupidité est aussi grande que sa force, et l'homme a profité de la bêtise de cet animal pour se l'approprier.

Le bœuf est une preuve que l'intelligence, la raison, la force morale, peuvent vaincre la force brutale la plus considérable.

Le bœuf est un animal fort respecté dans l'Inde, où les Indous ne sauraient bien mourir sans tenir la queue de cet animal.

Dans l'antiquité, le bœuf était l'un des animaux les plus vénérés parmi les peuples.

Les Grecs sacrifiaient bien quelquefois des bœufs à

leurs divinités; mais aussitôt le sacrifice accompli, le pontife avait soin de se sauver pour ne point être responsable du meurtre d'un animal si respectable; alors on s'en prenait à la hache qui avait servi au sacrifice : elle était mise en jugement et condamnée à périr d'une manière ignominieuse comme bœuficide, et à être détruite à jamais.

Les premiers Romains ne mangeaient pas la chair du bœuf : un des citoyens de Rome ayant été convaincu de s'être régalé de quelques bons biftecks, fut banni de la République.

Quel beau rôle jouaient alors les bœufs !... Respectés, vénérés, ils passaient une existence des plus enviable. Mais, hélas! depuis ces heureux temps, comme tout a changé! Quelle triste vie ce quadrupède ne mène-t il pas depuis cette époque ! Obligé de traîner des fardeaux, de labourer la terre, il faut encore qu'il serve à satisfaire notre gourmandise et notre voracité. Pauvre bœuf !

Les Égyptiens furent ceux d'entre tous les peuples qui rendirent les plus grands respects au bœuf.

LE BŒUF APIS.

En Égypte, à certaines époques, on choisissait, parmi les magnifiques troupeaux qui vivaient paisibles sur les rives du Nil, le plus beau bœuf qu'il fût possible de trouver; on lui dorait les cornes, on le couvrait de guirlandes de fleurs, et on le conduisait en grande pompe dans le magnifique temple qui lui était réservé dans la ville de Memphis : ce bœuf était divinisé sous le nom d'Apis.

Ce dieu bœuf avait de nombreux ministres, des esclaves pour le servir, et ne prenait ses repas que dans des vases d'or et d'argent.

Le bœuf Apis se montrait rarement au public ; mais lorsqu'il sortait de son palais, c'était avec une pompe extraordinaire. Dans toutes les grandes occasions, on consultait la bête sacrée, et les pronostics que l'on tirait de ses mouvements et de sa conduite étaient religieusement écoutés.

Germanicus voulut consulter le bœuf Apis, mais celui-ci se recula lorsqu'il essaya de lui présenter à manger : tout le monde tira un mauvais présage de l'impolitesse du bœuf : Germanicus mourut empoisonné quelque temps après, et le nombre des crédules adorateurs de l'idole augmenta encore en apprenant la fin prématurée du prince romain.

Le bœuf Apis devait avoir certaines marques sur la peau : les uns disent un aigle, les autres un croissant, et la figure d'un escargot sur la langue.

La faveur d'être divinisé n'était pas cependant une chose des plus enviables pour plus d'une raison : car, tous les trois ans au plus, si le bœuf sacré ne mourait pas d'indigestion ou de sa belle mort, ses ministres le conduisaient dans un certain lieu et lui coupaient le cou comme à un simple bœuf, ne voulant sans doute pas avoir un fétiche inamovible. Alors toute l'Égypte prenait le deuil : l'on entendait pendant plusieurs jours des lamentations épouvantables ; puis l'on faisait semblant d'enterrer en grande cérémonie l'ex-divinité (nous disons que l'on faisait semblant, car nous supposons fort les ministres du bœuf Apis d'être suffisamment farceurs pour se régaler de ses meilleurs morceaux), et l'on procédait à son remplacement, ce qui changeait la face des choses : l'allégresse la plus vive remplaçait la tristesse, et des fêtes splendides précédaient l'intronisation d'une nouvelle bête sacrée.

Encore aujourd'hui les bœufs sont, dans l'Inde, les animaux les plus heureux du monde. Les imbéciles Indous les choient et leur font mille mamours, dans la persuasion que les bœufs sont des animaux d'un ordre supérieur. Ces bêtes vivent en liberté, se promènent partout, entrent dans les bazars et dans les maisons, où ils sont accueillis avec le plus grand respect. En vérité, si ce n'était les tigres qui en mangent pas mal, chacun voudrait être bœuf et aller vivre dans ce pays-là.

Il y a plusieurs sortes de bœufs. Les bœufs domestiques que nous connaissons ne ressemblent pas aux bœufs des pays asiatiques et des déserts de l'Afrique : les nôtres sont grands, forts et assez doux ; les bœufs de l'Asie sont généralement petits et ont une bosse sur le dos, et ceux de l'Afrique sont noirs et on ne peut plus sauvages.

Les Européens sont loin de diviniser le bœuf. Les Anglais ont bien un goût prononcé pour cet animal ; mais c'est lorsqu'il est cuit et servi en manière de rosbif avec des pommes de terre.

La réputation de bêtise du bœuf est si bien établie que l'on dit, dans le langage vulgaire, de celui qui supporte les avanies et les injustices : « Qu'il est le bœuf de tout le monde. »

Le bœuf n'était pas connu dans le Nouveau-Monde, ce sont les Européens qui l'y ont transporté, comme le cheval. Aujourd'hui, les quelques bœufs qui s'étaient soustraits à la surveillance de leurs possesseurs ont produit d'innombrables troupeaux qui vivent à l'état sauvage dans les grandes plaines de l'Amérique du sud.

La chasse des buffalos ou bœufs sauvages est pratiquée sur une grande échelle par plusieurs tribus d'Indiens, qui en détruisent chaque année des quantités considérables rien que pour en avoir la peau, qu'ils vendent aux négociants européens.

Cette chasse est assez pénible et offre souvent de grands dangers pour ceux qui s'y livrent. Outre qu'il faut aller chercher les buffalos au milieu d'immenses solitudes, où la famine et la misère font périr bon nombre de chasseurs, il y a encore des dangers réels à affronter, lorsqu'il s'agit de pénétrer au milieu des bandes de bœufs qui parcourent le désert avec une rapidité effroyable, et brisent, écrasent et culbutent tous les obstacles qui se trouvent en face d'eux. Pourtant cette existence pleine de périls et d'émotions fait le bonheur de certaines peuplades qui, pour tout au monde, ne renonceraient pas aux distractions de ces chasses.

L'auroch était le bœuf sauvage des plus vastes forêts de l'Europe, d'où il est entièrement disparu.

Le bison est le même que le buffalo. Il est noir avec une tête monstrueuse ; il vit en Amérique en troupe nombreuse, et parcourt les vastes plaines quelquefois par bandes de plus de 20,000.

Le zébu est aussi un bœuf qui vit dans l'Inde : il a une bosse sur le dos et remplit à peu près les mêmes fonctions que notre bœuf d'Europe.

Le yack est originaire de la Mongolie ; c'est aussi une espèce de bœuf dont les Orientaux tirent un grand profit et une grande utilité, à cause surtout de ses poils longs et soyeux.

LA GIRAFE.

La girafe n'a d'extraordinaire que sa taille élancée, les belles nuances mouchetées de sa peau, et sa manière de marcher, qui est l'amble : elle déplace en même temps les jambes du même côté ; sa hauteur est de 18 à 20 pieds.

La girafe est originaire des vastes forêts de l'Afrique, où elle vit en société de douze ou quinze, se nourrissant de l'extrémité des arbres, surtout des jeunes pousses du mimosa.

Les Romains avaient connu ce bel animal. Jules César fut le premier qui en fit paraître dans les cirques. En l'an 248, dix girafes furent amenées aux fêtes données par Philippe. Une trentaine d'années plus tard, l'empereur Aurélien en faisait paraître pour célébrer son triomphe sur Zénobie, reine de Palmyre ; puis un long espace de temps s'écoula sans qu'il fût ques-

Girafe attaquée par un Tigre.

tion de cet animal, qui ne reparut en Europe que sous
le règne de Frédéric II, empereur d'Allemagne, auquel
le sultan d'Égypte en envoya une. Depuis le treizième
siècle jusqu'en 1822, les voyageurs en parlèrent bien
dans leurs relations, mais l'on ne croyait pas leurs récits, et cet animal passait pour fabuleux ; ce fut à
cette époque que l'un de ces quadrupèdes fut amené à
Constantinople.

Puis enfin, en 1826, le premier de ces animaux qui
se soit montré en France arriva à Paris, et piqua la
curiosité du public d'une telle façon, que tous les objets de fantaisie se firent à la girafe, les robes, les cha-
peaux, les bonnets, etc., etc.

La girafe est un animal très-doux, que la nature a
doué, pour sa conservation, d'une peau d'une force
et d'une épaisseur considérable, et d'une grande vigueur dans les membres. Le lion et le tigre attaquent
souvent la girafe, qui ne les craint pas à la course. Ces
animaux cruels se jettent sur son dos et cherchent à introduire leurs griffes meurtrières dans sa chair ; mais
la peau de la girafe est si forte et si bien tendue, qu'ils
y parviennent rarement. Il arrive même souvent que
la girafe se débarrasse de son ennemi par un effort suprême, le jette à terre et le foule sous ses terribles
sabots, qui font des blessures cruelles.

LE RENNE.

Parmi les bontés sans nombre du Créateur, il faut
compter le don du renne aux pauvres peuples des

extrémités polaires de notre globe. Sans ce précieux animal, les Lapons ne sauraient supporter les rigoureux et interminables hivers qui existent chez eux.

Le renne est, avec le chameau, la preuve la plus éclatante de la prévoyance et de la sagesse de l'Éternel. Sans le chameau, d'immenses contrées seraient inhabitables, et des multitudes de peuples resteraient prisonniers et inconnus au milieu de déserts, infranchissables pour d'autres que pour le chameau. Le renne se trouve dans les mêmes conditions que l'animal le plus utile des pays chauds, bien que relégué dans les pays les plus froids de la terre.

Le renne est l'animal le plus sobre de toutes les créatures : quelques brins de mousse, quelques lichens qu'il trouve sous la neige ou quelques feuilles de bouleau suffisent à sa nourriture ; et pourtant la femelle nourrit son maître de son lait et le transporte sur son traîneau avec une célérité incroyable à travers les neiges et les verglas : aussi toute la richesse d'un Lapon consiste-t-elle dans le plus ou moins grand nombre de rennes qu'il possède. Les riches en ont jusqu'à six ou huit cents. Le lait des femelles sert à faire d'excellents fromages, et la chair de ces animaux est des plus nourrissantes.

Les rennes domestiques sont généralement trèsdoux ; pourtant ils ne supportent pas les injustices, ni les brutalités. Si on les a châtiés injustement, ils se vengent à la première occasion : ils se jettent sur le traîneau et font périr leur maître en les foulant aux pieds, ou ils entraînent le léger véhicule dans une fondrière, quitte à périr en se vengeant. A la rancune du renne, je préfère la longanimité de l'âne.

Les rennes vivent de quinze à seize ans ; à l'état

sauvage, leur existence se prolonge jusqu'à trente ans.

L'on a essayé à différentes reprises d'acclimater le renne dans nos pays tempérés ; ces tentatives ont été inutiles, la pauvre bête finissait toujours par périr de langueur. Comme aux Lapons, il faut à ces animaux les neiges éternelles des contrées les plus froides et les superbes aurores boréales, qui les éclairent et remplacent pour eux les clartés du soleil.

A l'état sauvage, les rennes aiment à vivre en société ; plus leur nombre est grand, plus ils se plaisent entre eux. Ils émigrent chaque année sous la conduite d'un chef expérimenté, qui les dirige dans toutes leurs courses. Lorsqu'ils sont attaqués par les ours ou les chasseurs, si la fuite n'est pas possible ils se défendent avec énergie, et ne succombent qu'après un combat opiniâtre, dont ils sortent quelquefois vainqueurs.

Le savant M. Michelet, qui vient de publier diverses études sur les insectes et les oiseaux, et qui donne la préférence, non à ceux de ces animaux que notre sot orgueil a placés au premier rang à cause de leur audace ou de leur férocité, mais bien à ceux qui sont les plus utiles dans la grande œuvre de la création, s'il écrit jamais l'histoire des quadrupèdes, placera bien certainement le chameau et le renne bien au-dessus du tigre, du lion, du rhinocéros ou de l'hippopotame, et de bien d'autres animaux que l'on nous a appris à considérer comme les premiers d'entre les bêtes.

L'OURS.

Cet animal est l'un des plus répandus sur la surface de la terre : il se trouve dans toutes les régions du globe. Il vit en Europe, en Asie, en Afrique et en Amérique ; seulement il change peut-être un peu d'aspect, suivant les contrées qu'il habite, mais il conserve toujours le type indélébile de sa race : qu'il soit fauve, gris, noir ou blanc, c'est toujours un membre de la grande famille des ours.

L'ours à généralement 4 à 5 pieds de long sur 3 à 4 de haut ; ses mœurs sont partout à peu près les mêmes ; il est sédentaire et vit le plus retiré qu'il peut, seulement son naturel est plus ou moins féroce, suivant les pays qu'il habite. Il fait sa demeure dans les cavernes, dans les troncs d'arbres ou au milieu des rochers. Il dort presque toute la journée et ne sort guère que la nuit pour aller à la maraude.

Fort heureusement que les mères ourses sont douées des meilleurs sentiments à l'égard de leurs petits, sans cela la race de ces animaux serait bientôt éteinte, car leurs pères les dévorent, à l'exemple du vieux Saturne, sans aucune cérémonie dès qu'ils peuvent les découvrir ; aussi la femelle a-t-elle bien soin de cacher ses chers oursons à son terrible époux, jusqu'à ce qu'ils soient assez forts pour opposer une certaine résistance.

Les ours se nourrissent de fruits, de légumes, de racines, de miel, dont ils sont très-friands, et ils ne mangent de la chair et n'attaquent les autres animaux que lorsqu'ils ne peuvent trouver une autre nourriture. Malgré son air lourd et sa tournure massive, l'ours est plein de finesse ; il a les sens de l'odorat, de la vue et de l'ouïe très-développés.

L'ours vit difficilement dans la domesticité ; pourtant l'on parvient quelquefois à le dresser, en se méfiant toutefois continuellement de lui. Il apprend à se tenir debout, à faire l'exercice avec un bâton, à danser d'une manière fort grotesque au son de la flûte et du tambourin.

L'on prétend que les Lithuaniens les dressent assez pour se faire servir à table par eux. Je doute fort de la véracité de cette assertion. Un honneur en Pologne et une marque de richesse, c'est de posséder un certain nombre d'ours apprivoisés et de les faire parader comme des soldats aux yeux des étrangers.

L'ours brun est celui qui habite nos climats, et se trouve dans les Alpes, dans les Pyrénées et dans les grandes forêts de la Pologne et de la Russie.

L'ours brun attaque rarement les hommes ; mais s'il est attaqué il se défend avec un courage indomptable. Il vit retiré au fond de sa tanière, où il s'endort des mois entiers, se réveillant quelquefois pour sucer ses pattes, qui lui fournissent une espèce d'huile qui le sustente suffisamment dans son état de torpeur.

L'ours noir habite les montagnes des contrées chaudes de l'Asie et de l'Afrique ; ses mœurs sont à peu près les mêmes que l'ours de nos contrées ; cependant il est moins brave et moins courageux, et mange plus volontiers de petits animaux.

L'ours blanc est confiné dans les pays les plus froids de la terre, où il vit moins solitaire que les autres individus de l'espèce. Il se tient sur les bords de la mer Glaciale. Il mange surtout beaucoup de poisson, et poursuit même les baleineaux et les phoques assez loin en mer. Il est bien moins intelligent que l'ours brun ; son cri ressemble à celui d'un chien enrhumé ; il est très-entêté, et stupide au possible.

Si les ours blancs sont attaqués, ils se précipitent sur tout ce qu'on leur présente et ne lâchent plus ce qu'ils tiennent ; aussi les matelots qui connaissent leurs habitudes vont-ils leur livrer bataille en leur jetant la première chose venue, et profitent-ils de l'opiniâtreté de ces bêtes pour les assommer.

L'ours gris, qui ne se trouve guère que dans les grandes solitudes de l'Amérique, est le plus fort, le plus sauvage et le plus féroce de tous les ours. Il vit très-retiré, fait la guerre à tout ce qui l'environne.

Les chasseurs craignent ce terrible animal, qui est doué d'une énergie et d'une force inimaginables. Du moment où il a éventé une proie, il ne la quitte plus qu'il ne l'ait dévorée ou qu'il n'ait été mis tout à fait hors de combat.

L'ours est chassé à outrance par l'homme, à cause de sa fourrure.

Il y a différentes manières de procéder à la chasse de ces animaux.

Chez nous, on l'attend à l'affût et on l'étend mort d'un coup de carabine au moment où il passe. Quelquefois l'animal n'est que blessé, alors gare au chasseur ; s'il n'est préparé à défendre sa vie, il est perdu : l'ours,

Ours de l'Ukraine prenant ses ébats après avoir mangé du miel
assaisonné d'eau de vie.

devenu furieux, ne se retirera pas qu'il n'ait broyé son ennemi.

Dans les sombres forêts de la Norvége et de la Finlande, les habitants de ces contrées vont bravement attaquer l'ours dans sa tanière, armés seulement d'un poignard. Mais il faut avoir le sang-froid et l'intrépidité calme de ces hommes, pour lutter avec des armes qui paraissent si fragiles.

Le chasseur se présente à l'ours armé de son coutelas : dès que l'animal l'a aperçu, il se lève sur ses pattes de derrière en poussant un sourd grondement, et il s'avance debout pour étreindre dans ses pattes redoutables l'imprudent qui a osé troubler sa quiétude. Le chasseur l'attend bravement sans reculer, et au moment où l'animal va l'écraser dans ses étreintes nerveuses, il lui enfonce son poignard sous la troisième côte. L'ours pousse à peine un soupir et tombe comme foudroyé.

A cette méthode je préfère celle des habitants de l'Ukraine, qui mettent à la portée de ces animaux du miel préparé avec de l'eau-de-vie. Dès qu'un ours à flairé ce mets, dont il est très-friand, il se précipite dessus, se délecte comme un gourmand avec ce délicieux manger, dont il ne se méfie pas le moins du monde. Mais dès qu'il en a pris une certaine quantité, l'eau-de-vie fait son effet : l'animal entre dans une gaieté folle, fait mille gambades et toutes sortes de tours plus grotesques les uns que les autres et finit par s'endormir. C'est le moment où les chasseurs l'assomment sans danger, et font provision de fourrure.

L'on prétend que les ours du Kamtchatka sont les animaux les plus débonnaires de la création. Ils ne disent presque jamais rien aux hommes, et ils ont une courtoisie des plus grandes pour le beau sexe : ils suivent les femmes sans jamais les attaquer, et reçoivent, dit-on, avec reconnaissance les fruits ou les légumes qu'elles veulent bien leur donner. Enfin ce sont d'honnêtes ours, auxquels l'on ne peut pas appliquer l'épithète insultante d'*ours mal léchés*.

LE CHIEN.

Parmi les animaux intelligents et sociables, le chien, sous tous les rapports, aurait dû occuper la première place.

Le chien est véritablement l'ami de l'homme, ou plutôt son esclave soumis, et celui d'entre tous les animaux qui semble le mieux doué du sentiment de l'affection et du devoir. Cependant il est enclin à certains défauts ; et pour ne point avoir à revenir sur les infirmités sociales du chien, parmi lesquelles il faut comprendre la gloutonnerie, nous dirons de suite ses petits travers. En général, le chien est peu admirateur de la musique : dès qu'il entend les sons d'une cloche, les notes d'un orgue ou les mélodies d'un violon, d'un cornet à piston ou d'un instrument quelconque, il se met à hurler d'une manière pitoyable et tombe même quelquefois en syncope. Ce sentiment de répulsion de la race canine pour la musique n'a pas encore été analysée par les physiologistes. Probablement qu'ils nous donneront un jour une explication satisfaisante de ce singulier caprice du chien, qui ne lui fait pas honneur. Nous voudrions, dans l'intérêt de cet animal, qu'il n'en fût pas ainsi ; mais, hélas! s'il y a quelques chiens mélomanes, ils sont très-rares.

Pour parler tout d'un coup des quelques défauts du chien, nous ajouterons qu'il a la mauvaise habitude de se rouler sur toutes les immondices. Il marche généralement dans un sens oblique, la queue penchée à gauche, et ne rencontre jamais un individu de son espèce sans aller le flairer à l'extrémité des reins, chose fort peu civile. Un naturaliste prétend que ces animaux n'agissent ainsi que parce qu'ils ont l'odorat très-délié, et qu'ils reconnaissent de cette manière le degré de force de ceux qu'ils vont ainsi sentir, pour le cas où ils auraient maille à partir avec eux. Je préfère la raison du bonhomme La Fontaine au sujet de ce singulier procédé : il prétend que la race canine, se trouvant malheureuse dans sa condition, expédia un jour une ambassade à Jupiter pour lui adresser d'humbles supplications. Le maître de l'Olympe accueillit d'abord ces envoyés avec courtoisie, et les invita à résider à sa cour jusqu'à ce qu'une décision fût prise à leur égard. Mais ces animaux s'étant arrêtés en passant dans les cuisines du maître des dieux, y prirent une si grande quantité d'aliments, que ma foi ils se trouvèrent à l'audience suivante dans une position des plus déplorables, et manquèrent à toutes les convenances en déposant au pied du trône des choses peu gracieuses. Jupiter, outré de ce manque de délicatesse, les fit chasser honteusement :

ces malheureux, que la gourmandise avait perdus, revinrent l'oreille basse raconter leur mésaventure à leurs électeurs, qui les reçurent fort mal, comme vous le pensez. Les chiens alors, sur l'avis des plus sages de l'assemblée, opinèrent d'envoyer de nouveaux ambassadeurs au maître de l'Olympe, en leur intimant l'ordre formel de résister à toute espèce de tentation ; et au préalable, ils prirent la judicieuse précaution de leur boucher l'orifice du tube digestif avec les essences les plus suaves et les parfums les plus odorants.

Les nouveaux diplomates partirent en effet bien et dûment embaumés, crainte d'un nouvel accident. Mais, hélas ! ces nouveaux fondés de pouvoir ne reparurent plus jamais, et depuis bien des siècles déjà la race canine attend ses envoyés avec la plus vive anxiété : c'est pourquoi, dit-on, tous les chiens se livrent à l'investigation susdite, dans l'espoir de reconnaître quelques-uns des ambassadeurs retardataires. Malheureusement leur inspection n'a servi à rien jusqu'ici, et la renommée prétend que toutes les recherches seront infructueuses, parce que les derniers partis ont eu un sort encore plus funeste que leurs prédécesseurs. Les odeurs appétissantes de la cuisine des dieux les ayant attirés, ces gloutons ne purent résister à leur penchant ; ils se livrèrent sans mesure à leur voracité, et périrent sur les lieux mêmes faute de pouvoir rendre ce qu'ils avaient avalé : ce qui prouve que la gourmandise est un défaut bien funeste.

On a pu remarquer que lorsqu'un chien veut se reposer, il fait trois ou quatre tours avant de se coucher.

La voix des chiens est bien plus forte dans les pays tempérés que dans les pays chauds, où ils finissent même par la perdre tout à fait.

Le chien est surtout remarquable par son intelligence et ses qualités morales. Il joint la plus entière soumission au plus grand attachement pour son maître ; sa fidélité ne se dément jamais, et son courage et son dévouement sont sans bornes pour ceux qu'il affectionne.

C'est aussi l'animal qui oublie le plus facilement les mauvais traitements et les injustices. Son flair est excellent ; il lui sert admirablement pour suivre une piste.

Le chien a donné tant de preuves d'une véritable intelligence, que vraiment l'on serait tenté de supposer, avec saint Basile, saint Ambroise et saint Roch, que cet animal raisonne et a une intuition des choses de la vie bien plus considérable que le reste des animaux.

Xénophon prétend que le chien est un don spécial des dieux.

Certains auteurs assuraient que cet animal avait été créé de la moitié d'un homme. Et un auteur spirituel, Elzéar Blase, ajoute dans un livre que cela est vrai pour certains hommes, mais à l'égard de beaucoup d'autres que c'est faux. « On rencontre bien des hommes, dit-il, qui, pour l'intelligence et pour les qualités de l'esprit et du cœur, ne sont pas la moitié d'un chien. » Ces réflexions sont peu flatteuses pour la race humaine en général.

Il y a sur le compte des chiens une infinité d'anecdotes qui sembleraient prouver que ces bêtes raisonnent et agissent avec un certain discernement, et nous ne pouvons nous empêcher de citer quelques-unes de ces histoires de chien.

Un chien s'était cassé une patte ; sa maîtresse, désespérée de cet accident, le fit porter chez le célèbre chirurgien Morand, qui la lui remit. A quelque temps de là notre chien, bien dispos, se promenait par les rues, lorsqu'il rencontra un de ses intimes qui s'en retournait au logis la queue entre les jambes, l'oreille basse, la mine toute piteuse et se traînant sur trois pattes, la quatrième ayant été cassée sous une voiture. Ce que se dirent les deux amis, personne ne l'a jamais su bien au juste; mais le chien qui avait été guéri conduisit son camarade chez le docteur qui l'avait si bien remit sur ses pattes. Lorsqu'il fut en présence de l'homme de l'art, il lui montra la patte cassée de son compagnon, tourna vers lui ses yeux suppliants et attendit. Le docteur, comprenant cette muette prière, remit sans difficulté le membre disloqué, puis il dit au chien : « Je le veux bien encore pour cette fois, mais surtout n'y reviens plus. » Et il le renvoya. Véritablement ce chien méritait un accueil plus cordial, rien que pour la rareté de son intelligente action.

L'on prétend que la célèbre Ninon avait un petit chien qu'elle chérissait qui s'était institué le gardien de sa santé. Si Ninon voulait manger quelques mets susceptibles de lui faire mal, le chien se mettait à aboyer et ne la laissait tranquille que lorsqu'elle avait renoncé à toucher à ce mets. Ninon vécut belle, fraîche et bien portante jusqu'à l'âge de quatre-vingt-dix ans. Son petit chien a-t-il contribué à préserver sa santé des atteintes du temps? Voilà ce qu'il s'agit de savoir ; en tout cas, ce jeune épagneul est empaillé au Musée d'histoire naturelle. En vérité, s'il montra tant de sagesse, c'était bien le moins que l'on puisse faire que de lui accorder cette distinction.

Nous citerons encore M. Elzéar Blase, qui raconte cette anecdote :

« Je voyageais, dit-il, dans une diligence ; au relais, je vois un chien caniche qui vient à la portière, se met

sur ses deux pattes de derrière et a l'air de me demander quelque chose. « Donnez-lui un sou, me dit le pos-
« tillon, et vous verrez ce qu'il en fera. » Je jette la
pièce ; le chien court chez le boulanger, et en rapporte
un morceau de pain qu'il mange : c'était le chien d'un
pauvre aveugle mort tout récemment ; il n'avait plus de
maître et il demandait l'aumône pour son compte per-
sonnel. »

Voici une anecdote de chien qui m'est toute personnelle :

J'avais élevé une jeune chienne de Terre-Neuve qui
portait le nom de Sultane. Cette chienne, remplie d'intelligence, m'était fort attachée : si par hasard je per-
dais quelque chose en voyage, il suffisait que je lui dise
avec un geste de désespoir : « Sultane, j'ai perdu. » La
chienne venait aussitôt me flairer, tournait trois ou
quatre fois autour de moi, puis partait comme un
trait et ne revenait qu'après avoir retrouvé l'objet
égaré, qu'elle me rapportait toujours.

Par une journée excessivement chaude du mois
d'août, il me prit fantaisie de me baigner dans la Seine ;
comme j'étais très-peu fort nageur, je ne me risquai à
prendre mon bain qu'au bord de la rivière, où il y avait
pied ; pourtant, entraîné ce jour-là par le désir d'essayer
mes forces, je m'éloignai peu à peu, ne pensant plus
qu'il pouvait y avoir du danger pour moi. Je commen-
çais à me fatiguer et je me rapprochais de la berge avec
assez de difficulté, lorsque tout à coup ma chienne, qui
ne m'avait jamais vu me mettre à l'eau, m'aperçut nageant avec peine. A mon aspect, cette bête se mit à
pousser un hurlement épouvantable, et se précipita
comme une trombe à ma rencontre en faisant entendre
en nageant de petits cris qui semblaient me dire : « Bon,

courage, me voici ! » Dès que le bon animal fut près de
moi, il me saisit par la barbe, que je portais assez longue,
et m'entraîna sur le bord de la rivière en continuant de
pousser ses gémissements, qui sans doute étaient autant
de reproches, car je m'aperçus seulement alors que j'a-
vais manqué périr en passant au-dessus d'un trou assez
profond.

Voici une autre histoire des plus authentiques :

Il est bien peu de personnes qui aient habité, de 1835
à 1840, les environs de la Banque, qui n'aient connu le
chien Thiouny, dont le domicile légal était dans le
passage Vivienne. Son histoire est assez drôle pour être
racontée.

Le chien Thiouny, pauvre chien qui n'avait ni race,
ni rien d'extraordinaire, mais au contraire, fort laid,
était issu d'une chienne vagabonde qui l'avait mis au
monde avec plusieurs autres petits sous un escalier,
un jour que cette bête traversait le passage Vivienne.
Tous les autres petits avaient été détruits, sauf Thiouny,
qui promettait d'être peu gracieuse laid, et qui ne dut la
vie qu'à cette considération. Le jeune chien avait à
peine quinze jours, lorsqu'il fut abandonné par sa mère
dénaturée que l'on ne revit jamais : le pauvre orphelin
fut élevé au biberon par les soins d'un petit commissionnaire.

Thiouny, devenu grand, fit ombrage au propriétaire,
qui ordonna de se débarrasser de cette bête, assez in-
commode il est vrai. Le petit commissionnaire, désespéré de cet ostracisme, fut trouver un de ses parents,
conducteur de la diligence de Paris à Besançon, et lui
proposa d'emmener le jeune chien pour le préserver
d'une mort prématurée. Celui-ci accepta de mettre
l'animal sur sa voiture, moyennant qu'il fût enfermé

dans un sac. Le soir même, Thiouny échappait aux boulettes du féroce propriétaire, et partait incognito pour la capitale de la Franche-Comté. Il y avait dix jours environ que l'animal avait été transporté, lorsqu'un matin on le retrouva dans le passage réduit au plus déplorable état de maigreur : le chien était revenu de Besançon seul, sans passe-port et sans guide ; comment ? voilà ce que l'on ne sut jamais.

Le petit commissionnaire qui l'avait élevé étant parti, le chien resta dans le passage et devint la propriété de tous les locataires, qu'il allait faire contribuer à tour de rôle pour son alimentation.

Ce chien avait pris la manie des promenades champêtres le dimanche, où tous les magasins étaient fermés ; mais il était fort paresseux et craignait la fatigue. Pour satisfaire à la fois ses goûts et sa paresse, il avait trouvé un moyen tout simple, c'était de se faire transporter gratis par les chemins de fer, qui n'avaient pas encore inventé le droit de péage sur ces quadrupèdes : il se dirigeait en flânant vers la gare la plus prochaine, suivait la foule et montait dans un wagon, se faufilant dans les jambes du premier venu ; personne ne disait jamais rien, pensant que le chien appartenait à quelqu'un de la compagnie. Alors il débarquait à Saint-Cloud, à Versailles, à Saint-Germain ou ailleurs, passant sa journée en amateur à rôder autour de toutes les cuisines de restaurateurs, où il attrapait toujours quelques bribes. Le soir venu, il se dirigeait de nouveau vers l'embarcadère, et revenait à Paris par le même moyen qu'il avait employé pour en sortir.

Un jour, je le rencontrai sur le bateau à vapeur, où il s'était introduit à la suite de quelques passagers. Cette fois là, il fut trois jours sans revenir : comme le bateau allait jusqu'à Rouen, je pense qu'il aura été forcé de faire le voyage entier.

Ce malheureux chien, qui vraiment avait montré une certaine intelligence dans maintes circonstances, étant devenu vieux, infirme et fort sale, fut condamné à mourir par le poison; mais jamais l'on ne put parvenir à lui faire manger une boulette chiennicide, si appétissante qu'elle fût. Enfin, le propriétaire, las de voir la pauvre bête si hideuse et si malade, ordonna à un charretier de l'attacher derrière sa voiture et de le faire abattre.

L'animal, pressentant sans doute sa fin, ne voulut pas aller mourir ailleurs et s'étrangla lui-même avec la corde qu'on lui avait passée autour du cou pour l'emmener, un quart d'heure avant qu'on vînt le chercher.

Tous les habitants du passage Vivienne donnèrent un regret au vieux chien Thiouny, et n'y pensèrent plus.

Les capucins de Troyes avaient un chien qui s'appelait Besace. Tous les ans les bons pères députaient plusieurs de leurs frères à Châlons pour célébrer la fête de Saint-François; Besace était de la partie, et se régalait joliment pendant cette fête. Les frères de Troyes, pour un motif quelconque, cessèrent d'aller à Châlons célébrer l'anniversaire de saint François; mais Besace, dont cette abstention ne faisait pas le compte, se rappela sans doute la bienheureuse ripaille qu'il avait l'habitude de faire à cette époque, et s'en alla seul au monastère : bien accueilli, bien fêté, l'animal ne cessa jamais de retourner chaque année assister aux bombances de la Saint-François tant qu'il vécut.

Comment ce chien pouvait-il se rappeler, à une année de distance, la date précise de cette cérémonie ?

Monsieur Dupont de Nemours a raconté à l'Institut un fait bien plus extraordinaire encore :

Un jeune décrotteur, dit-il, stationnait au coin de la rue de Tournon ; il avait pour compagnon un barbet très-intelligent qui ne le quittait jamais. Le petit commerce du jeune décrotteur allait souvent assez mal, surtout l'été ; dans ces moments de chômage, le chien voyait par instants son maître triste et chagrin ; puis, dès qu'un pied crotté venait à se mettre sur la sellette, le décrotteur reprenait sa sérénité. Le barbet sans doute avait fait ces observations. Alors il s'ingénia un moyen pour procurer à son maître une satisfaction continuelle, et le moyen qu'il avait trouvé était fort simple, vous allez en juger :

Il s'en allait au beau milieu du ruisseau, trempait ses pattes dans la boue la plus noire, et s'empressait de les essuyer sans bruit et comme par hasard sur les bottes luisantes des passants.

Le décrotteur alors faisait retentir l'air de ses sollicitations :

— Décrottez ! faites décrotter vos bottes ! disait-il de sa voix la plus sonore.

Les fashionables s'apercevaient de la malpropreté de leurs chaussures, pestaient d'abord contre le chien, mais préféraient dépenser dix centimes pour être irréprochables.

Tant qu'il y avait des pratiques, le chien restait assis tranquillement sur son derrière à une certaine distance, mais il recommençait de plus belle dès qu'il n'y avait plus de chalands.

Le décrotteur, heureux de voir abonder la pratique, ne grondait pas son chien, comme on le pense bien, et le jeune homme et la bête s'en allaient le soir goûter les douceurs d'une aisance due en partie à l'astuce du caniche.

Un Anglais qui avait admiré l'étonnante intelligence de l'animal, vint trouver un jour le décrotteur, et lui proposa quinze louis s'il voulait le lui céder. Le maître, ingrat et sans cœur, livra pour cette somme l'ami de sa jeunesse, le généreux associé de ses travaux.

Le chien fut emmené à Londres, installé dans une riche demeure, fêté, couché sur de moelleux coussins. Eh bien! le pauvre animal était triste et semblait regretter sa vie passée, si pleine de misère et d'émotions.

Le jeune décrotteur, de son côté, commençait à se repentir de sa misérable avarice, de sa mauvaise action: les pratiques étaient rares et le commerce n'allait plus; il regrettait enfin son industrieux associé, lorsqu'un jour il le vit arriver vers lui bondissant de joie, et ayant fui les douceurs et les prévenances dont il était entouré sur les bords de la Tamise pour revenir prendre sa vie misérable, mais embellie par l'amitié. Heureux sans doute de continuer le devoir qu'il s'était imposé dans l'intérêt de son maître pour lui procurer des pratiques, il recommença ses exercices, retrempa ses pattes dans le ruisseau, et rendit de nouveau fructueuse la journée du petit décrotteur, qui ne s'en sépara plus.

Véritablement ce chien n'était-il pas sous tous les rapports au-dessus de son maître pour ses bonnes qualités?

Un auteur raconte qu'il a connu un chien qui se chargeait de mettre le couvert et qui disposait un dîner comme aurait pu faire un habile domestique.

L'on a cru un moment que l'on parviendrait à apprendre à parler aux chiens. Un jeune Allemand se chargea de cette tâche: il n'y a que des Allemands pour entreprendre de pareilles choses. L'enfant, après de nombreux et patients efforts, était parvenu à enseigner la prononciation de plusieurs mots allemands à son chien; mais cette tentative ne fut point encouragée; les hommes sans doute eurent peur que les chiens ne leur adressassent de trop sanglants reproches sur leurs sottises et leur méchanceté; et puis, voyez-vous des chiens savants postulant les places d'académiciens ou de professeurs?.. L'on ne poussa pas plus loin cette expérience.

Un Anglais avait une chienne qui fit des petits sur un meuble de son salon; l'Anglais, en rentrant chez lui, pendant que la chienne était absente, s'empressa de les noyer. Cette bête arrive quelques instants après, et, ne les trouvant plus, se mit à les chercher partout, les retrouva dans la rivière, et les rapporta un à un aux pieds de son maître, puis expira de douleur en ramenant le dernier.

J'avais, en Bourgogne, un de mes amis qui possédait une superbe chienne de chasse qui lui était très-attachée : cette bête le suivait partout, et ne pouvait le quitter. Étant allé à sept ou huit lieues de son domicile, chez une de ses connaissances, sa chienne le suivit et mit au monde trois petits sans qu'on s'en doutât, pendant la visite de son maître. Le moment du départ étant arrivé, on s'aperçut alors de cette particularité : le maître de la chienne, forcé de s'en aller, recommanda cette bête à son ami, en lui disant qu'il viendrait la chercher le lendemain avec une voiture, mais qu'il le priait, dès le matin, de détruire deux des petits chiens, ne voulant en conserver qu'un.

Le lendemain matin, l'ami, fidèle à sa promesse, s'empressa d'aller vers l'endroit où la chienne était la veille avec sa famille; mais la mère et les nourrissons étaient disparus; l'on fit de nombreuses recherches inutilement. Enfin, ne voulant pas encourir de reproches, cet ami monta à cheval et fut trouver le maître de la chienne pour lui apprendre cette disparition. Jugez de son étonnement, lorsqu'on lui montra la chienne, que l'on avait trouvée le matin dans sa niche avec ses trois petits.

Comme cette bête n'avait pu en emporter qu'un seul à la fois, elle avait été obligée de faire trois fois l'aller et le retour, ce qui constituait un parcours de plus de quarante lieues dans sa nuit.

Au temps de Justinien, il y avait à Byzance un charlatan qui se faisait donner différents objets par les curieux, les mélangeait tous ensemble, et les donnait ensuite à reporter à son chien, qui devait les remettre à chaque propriétaire; le chien ne s'y trompait jamais, et rendait sans aucune erreur l'objet à celui auquel il appartenait.

———

L'homme, toujours préoccupé de tirer profit de toutes choses, a su tirer parti de la rare intelligence du chien, de sa fidélité, de son obéissance et de sa bravoure.

L'on est parvenu à dresser le chien à toute espèce de fonctions, et l'on a toujours trouvé cet animal docile et infatigable à remplir le but que l'on se proposait avec une intelligence que l'homme lui-même n'aurait pu déployer dans certaines circonstances.

Le chien est devenu le serviteur le plus utile et le plus infatigable de l'espèce humaine: voyez-le à la garde des troupeaux, n'est-il pas sans cesse occupé à surveiller les bêtes soumises à sa vigilance? Chez les Samoyèdes, dans les pays du nord, ne remplace-t-il pas le cheval et le renne, ne traîne-t-il pas les fardeaux et les voyageurs avec une célérité incroyable ; ne garde-t-il pas nos demeures contre la rapacité des voleurs ou les dépradations des bêtes fauves? Véritablement le chien est doué d'un sens inconnu aux autres animaux. L'instinct, l'espèce d'intuition qui le guide dans toutes ses actions, le raisonnement même qui semble présider à ses actes, ne sont-ils pas pour nous un grand sujet de réflexion? A la frontière, par exemple, le chien est le plus intrépide fraudeur et le plus adroit ennemi des gabelous ; pourtant il est seul, personne ne le dirige ni ne le commande, lorsqu'il passe à travers les lignes de douaniers chargé de marchandises prohibées, se dissimulant dans toutes les sinuosités, et éventant l'approche des factionnaires avec une incroyable sagacité. Si les contrebandiers seuls avaient eu le privilége de dresser des chiens, la régie eût perdu tous ses droits; mais les gabelous ont, de leur côté, instruit des barbets ou des caniches à suivre la piste des contrebandiers et à éventer la présence des individus de leur race en contravention, auxquels ils livrent de rudes combats dans l'intérêt de la loi.

Un contrebandier avait un magnifique chien qui lui procurait de gros bénéfices par les nombreux objets prohibés qu'il passait en fraude. Dans une escarmouche, le contrebandier fut tué et le chien tomba entre les mains des douaniers, qui, à force de bons soins et de procédés généreux, finirent par s'attacher cet animal, qui se mit à travailler dans l'intérêt de la morale publique avec autant de zèle qu'il en avait mis à frauder.

Il y avait un certain temps que le chien ex-fraudeur veillait à l'exécution des ordonnances, lorsque les employés de la régie apprirent que des quantités considérables de marchandises étaient continuellement passées sans payer de droits. Cependant la plus vigilante garde était faite, et l'on ne comprenait rien au mystère qui couvrait les exploits des fraudeurs, lorsque enfin l'on découvrit un jour un jeune chien qui passait dans un sentier peu éloigné, chargé de marchandises défendues. Le chien nouvellement enrôlé par les douaniers, qui faisait un service des plus exemplaires, attendait le fraudeur de sa race au détour du chemin, pour le happer comme c'était son droit, son devoir et son habitude.

Jugez du désappointement des défenseurs du fisc, lorsqu'ils virent leur chien bondir et se jeter sur son adversaire, puis s'arrêter tout à coup, flairer l'animal et le laisser passer comme s'il eût payé tous les droits possibles. Les douaniers, étonnés de cette singulière conduite, qui n'était nullement habituelle au chien qu'ils avaient dressé dans leurs intérêts, voulurent savoir le mot de cette énigme, et ils finirent par apprendre que le chien qu'ils avaient vu passer sans être chagriné par leur gardien appartenait à la veuve de l'ancien maître de leur chien, et que cet animal n'avait jamais laissé passer d'autres fraudeurs que celui-là.

Cherchez le motif de cette singulière préférence, et rendez justice à la reconnaissance et au souvenir du chien, pratiquant la fidélité à son maître même au delà du tombeau.

Les chiens furent, dès les temps les plus antiques, dressés à prendre part aux querelles des hommes et à leur servir d'auxiliaires dans leurs sanglantes inimitiés.

Les Grecs instruisaient les chiens et en avaient continuellement de garde, pour veiller à ce que les ennemis ne fissent pas irruption au milieu d'eux sans être averti.

La ville de Corinthe, entre autres, était gardée par un poste avancé de cinquante chiens. Une nuit, les ennemis de cette cité, informés que les citoyens ne faisaient point bonne garde, vinrent pendant l'obscurité pour égorger les habitants et s'emparer de la ville; mais ils avaient compté sans le courage des chiens vigilants, qui se jettèrent sur eux et leur livrèrent un terrible combat. Ce qui donna le temps aux Corinthiens de se reconnaître et de repousser les ennemis.

Quarante-neuf chiens avaient succombé pendant l'action, et de toute la troupe il n'en restait plus qu'un. Le sénat de Corinthe voulut honorer la mémoire des courageux défenseurs de leur cité, et vota au dernier restant un collier d'honneur sur lequel on fit graver :

Les Corinthiens, à Soter, défenseur et sauveur
de la patrie.

Les Celtes élevaient beaucoup de chiens et se servaient de ces animaux pour chasser l'ours et l'auroch, dont leurs forêts étaient remplies ; et lorsqu'ils allaient à la guerre, ils se faisaient suivre par ces animaux, qui leur rendaient d'éminents services.

Les Romains avaient aussi coutume de dresser des chiens pour les avertir de la présence de leurs ennemis. Une seule fois ces animaux manquèrent à leur devoir, et Rome allait succomber sans les cris des oies sacrés du Capitole ; alors les chiens furent à jamais bannis du sol romain. Pourtant il est à croire que si les Romains avaient cherché le motif du silence des chiens en cette circonstance ils l'auraient trouvé. Certainement que les animaux mis à la garde de Rome étaient, comme tout ce que possédaient ces fiers républicains, des chiens volés, qui sans doute avaient appartenu aux guerriers qui assiégeaient Rome.

Ces animaux, plus reconnaissants envers leurs anciens maîtres que gardiens fidèles, avaient laissé approcher les ennemis, qui étaient leurs amis à eux et leurs maîtres de la veille.

Dans les temps plus modernes, les Espagnols firent usage de chiens comme d'auxiliaires très-utiles dans la guerre qu'ils faisaient aux innocents peuples du Nouveau-Monde. Ils avaient dressé des chiens à suivre la piste des Indiens, à leur sauter à la gorge et à les étrangler s'il ne pouvaient les amener vivants. Cette affreuse lutte dura pendant bien des années; des quantités considérables d'indigènes furent mis à mort par les cruels associés des Espagnols. L'un de ces animaux surtout jouit, à cette époque, d'une renommée très-grande. Ce chien, qui était d'une taille et d'une force considérables, trouvait un cruel plaisir à étrangler les Indiens; aussi les Espagnols le traitaient-ils en égal. Il est vrai de dire que, sous le rapport de la férocité, le chien était encore en arrière de ses maîtres barbares. Ce chien avait une haute paye, on lui décernait des honneurs chaque fois qu'il ramenait un prisonnier ou rapportait un cadavre; et puis, ce qui devait le flatter par-dessus toute chose, il avait double ration.

Hélas! comme il est facile à l'homme de mésuser des meilleures choses et de pervertir les meilleurs instincts! Ces chiens si bienveillants, même avec les plus faibles, si doux avec les petits enfants, si inoffensifs avec tout le monde, chargés de traquer d'autres créatures humaines, de les dévorer, de les anéantir! Bien sûr Dieu n'avait pas pensé que l'homme pourrait un

jour faire servir les bons instincts d'une bonne bête
à la satisfaction des affreuses passions qui affligent
la pauvre humanité, et font oublier aux êtres créés à
l'image du Tout-Puissant la raison, la justice et la
charité !

Le chien est-il né le serviteur de l'homme, ou ses instincts l'ont-ils porté à se soumettre à un maître pour
vivre plus paisible et moins dénué ? C'est une question
peu facile à résoudre, dans tous les cas. C'est un fidèle
compagnon, c'est l'ami le plus dévoué de son maître ;
que ce maître soit un chiffonnier ou un grand seigneur,
il ne reconnaît que lui, et ne sacrifie jamais son affection ni au veau d'or ni aux honneurs.

Michel Montaigne rapporte cette anecdote :

« Le roi Pyrrhus ayant rencontré un chien qui gardait
un homme mort, et ayant entendu dire qu'il faisait
cet office depuis plusieurs jours, commanda qu'on en-
terrât ce corps, et emmena le chien avec lui. Un jour
qu'il assistait aux montres générales de son armée, ce
chien, apercevant les meurtriers de son maître, courut
sus avec grands abois et âpreté de courroux, et par ce
premier indice achemina la vengeance de ce meurtre,
qui en fut bientôt faite après par la voie de la justice. »

Un riche habitant de la Virginie voyageait à cheval en compagnie d'un superbe chien de Terre-Neuve,
qui semblait fort attaché à son maître. Le voyageur
s'étant attardé, pour boire, dans un certain endroit,
se remit en route la tête lourde et l'esprit peu lu-
cide. Arrivé près d'une forêt, il descendit de cheval,
remit la bride à son chien, qui avait l'habitude de rem-

plir l'office de gardien, et fut s'étendre sous un arbre
voisin. A peine était-il sous cet ombrage, que le chien
fit entendre des gémissements plaintifs ; voyant que son
maître ne portait pas d'attention à ses plaintes, l'animal, au risque de lui déplaire, lâcha la bride du cheval et vint tourner autour de lui en poussant des hurlements répétés ; puis, s'apercevant que rien n'attirait sur
lui ses regards, il se mit en devoir de le forcer à changer
de place. Il commença par le pousser avec son nez,
puis à le traîner par ses habits. Le maître, ne comprenant rien à cette persistance de son chien pour l'empêcher de dormir, se mit dans une grande colère, qui
augmenta encore lorsqu'il s'aperçut que son cheval
s'était enfui. Il voulut alors battre cet animal, qui, loin
de cesser de le pousser et de le traîner malgré ses cris,
faisait au contraire des efforts inimaginables pour
l'éloigner de l'endroit où il était. Le voyageur, exas-
péré, prit dans sa poche un pistolet et tira sur l'animal, qu'il blessa grièvement. Cette bête se retira un
peu à l'écart, et le voyageur reprit son sommeil et put
se livrer au repos.

Le lendemain, comme des Indiens passaient en cet
endroit, ils trouvèrent le chien épuisé par la persistance qu'il avait encore mise sans doute pour essayer de
tirer son maître du funeste sommeil dans lequel il était
plongé, et surtout affaibli par la perte de son sang. Puis
non loin de là, à quelque distance d'un mancenillier
aux émanations pernicieuses, ils aperçurent un homme
qui avait perdu le sentiment. Les Indiens employèrent
tous les moyens possibles pour faire revenir le voyageur,
et ne réussirent qu'après bien des efforts ; mais, hélas !
dans quelle triste position se trouvait ce malheureux :
il était devenu à jamais aveugle ! et il aurait perdu

7

infailliblement la vie sans les puissants efforts de son chien, qui était parvenu pendant son sommeil, malgré sa blessure, à l'entraîner assez à temps pour que l'influence malfaisante de l'arbre empoisonné n'eût pas de plus fâcheux résultats. Le maître, ingrat et imprudent, eut un chagrin extrême d'avoir méconnu l'instinct de son fidèle ami, et s'en voulut toute sa vie de l'avoir maltraité. Le chien guérit, et, oubliant l'injustice de son maître, c'était lui qui le conduisait avec mille précautions lorsqu'il voulait sortir.

Trouvez donc, parmi les hommes, un dévouement et une abnégation semblables? Vraiment, ce serait à faire douter quelquefois si nous ne valons pas moins que les bêtes, que nous traitons avec tant de hauteur et de dédain.

Nous avons connu un chien qui avait la bosse du vol, dont nous ne voulons pas donner le nom, dans la crainte de porter atteinte à la considération de ses homonymes. Cet animal s'emparait de tout ce qu'il pouvait attraper en fait de mangeaille. Entendons-nous bien : rien n'était à l'abri de ses déprédations, et il avait établi le réceptacle de ses méfaits sous les dernières marches d'un escalier noir et profond de l'habitation de son maître. C'était là où il emmagasinait le fruit de ses vols journaliers. Dire tout ce que l'on trouva un jour au fond de ce caveau, d'où s'échappait une odeur nauséabonde, est incroyable. A côté de carcasses de volailles, de fromages pourris, d'os à demi rongés, l'on y découvrit encore des quartiers de porc, des pâtés, des babas, des pâtisseries

de toutes sortes, du beurre, des pommes et même des
œufs. Le chien malfaiteur, après l'examen de ses
crimes, fut corrigé d'importance et mis en demeure de
cesser ses larcins ; eh bien ! malgré cela, il continua
ses détournements. Une fois, pris en flagrant délit par
un charcutier, auquel il enlevait deux ou trois aunes de
boudin, il eut une patte presque cassée ; une autre fois,
surpris par une cuisinière qui venait de déposer une
marmite où cuisait à petit feu un bœuf succulent, il
n'eut pas le temps de retirer sa tête engagée dans l'anse
de la marmite, et se sauva en emportant le contenant
et le contenu ; mais, cette fois, il paya fort cher son
odieux méfait, car il eut le mufle entièrement brûlé.

Les maîtres de ce chien, désolés de posséder un tel
larron et d'avoir à répondre de ses méchants tours, le
donnèrent à un épicier, qui fut obligé de s'en débarrasser, parce que, plusieurs fois, ce chien indélicat,
pendant que son maître causait avec des pratiques
peu soigneuses, leur avait enlevé une partie de ce
qu'elles venaient d'acheter, et avait transporté ces objets
sous le comptoir même de l'épicier, qui finit un beau
jour par passer dans le quartier pour travailler de
compte à demi avec son fripon de chien : comme si les
épiciers, en général, avaient besoin d'employer de pareils moyens pour faire fortune !

On admire encore la fidélité du chien de Titus Sabinus, qui n'abandonna jamais son maître dans la prison,
qui le suivit au supplice, témoignant sa douleur par des
hurlements lamentables, refusant le pain qu'on lui of-
frait et le portant à la bouche de son infortuné maître.
Lorsque Sabinus eut été précipité dans le Tibre, son
chien s'y jeta avec lui.

Croyant son maître encore vivant, il soulevait sa

tête au-dessus des flots, s'efforçant, autant qu'il pouvait, de reconnaître le soin qu'il avait pris de le nourir et de l'élever.

LE CHIEN DE LA REINE.

La reine Marie-Antoinette, lorsqu'elle fut détenue au Temple, avait avec elle un petit chien qui la suivait partout. Après le supplice de la reine infortunée, le chien fut chassé de la prison. Cet animal ne voulut jamais s'éloigner de ce lieu. Pendant plusieurs jours il resta couché au seuil de la porte sans prendre de nourriture. Poussant de temps en temps de plaintifs hurlements, renvoyé de ce poste par les gardiens, il s'établit en face contre une borne.

Pendant plusieurs années, cette bête ne s'éloigna de cet endroit que pour chercher sa nourriture dans les habitations voisines, où il était connu sous le nom de Chien de la Reine ; enfin il disparut sans que l'on sût ce qu'il était devenu.

Pope avait un chien caniche doué d'une intelligence rare, et qui lui était extrêmement attaché. Une nuit, Pope fut réveillé par les aboiements de ce chien. Il se lève, et reconnaît que des voleurs sont en train de le dévaliser. Il crie ; les voleurs se sauvent, mais le chien continue à faire grand bruit dans le jardin. Pope court vers cet endroit, et il arrive au moment où l'animal livrait une terrible bataille à son propre valet de chambre. Cet homme, effrayé par la fureur du chien et se croyant découvert, avoua que c'était lui qui avait introduit les voleurs, parce qu'il avait conçu le projet d'assassiner son maître. Le chien avait donc eu la connaissance que le véritable coupable était le domestique, puisqu'il avait laissé échapper ses complices pour ne s'acharner qu'après lui.

Le chien du poëte Anacréon préféra mourir de faim près d'un buisson où son maître avait laissé tomber sa bourse, plutôt que d'abandonner cet objet.

Le feu ayant pris dans une ferme pendant le sommeil des habitants, le chien de garde, qui s'aperçut de ce malheur, voyant que personne ne s'éveillait dans la ferme, fit tous ses efforts pour conserver au moins à son maître les bestiaux qui étaient dans l'étable. Après diverses tentatives, cet animal finit par ouvrir la porte, et parvint à forcer quelques-uns de ces bestiaux à sortir de ce lieu qu'ils ne voulaient pas abandonner ; il les conduisit en un endroit où ils n'avaient rien à redouter des atteintes de l'incendie, puis il revint sur ses pas recommencer son manége, et en fit encore sauver quelques-uns, qu'il conduisit pareillement à l'abri du danger. Il voulut continuer ce sauvetage ; mais, hélas ! le toit tomba, le plancher et les murs s'écroulèrent, et le malheureux chien fut enseveli sous les décombres ; pourtant l'on fut assez heureux pour le sauver et le rendre à la vie.

Des voleurs ayant dépouillé un riche temple d'Athènes de ses ornements pendant que tout le monde dormait, ne furent aperçus que par un chien. Ce chien, n'ayant pu réveiller les gardiens par ses aboiements, suivit les voleurs, et ne voulut jamais abandonner leurs traces, malgré les pierres que les larrons lui envoyèrent.

Les hommes chargés de la garde du temple s'étant aperçus du vol qui avait été commis, furent mis sur la piste des malfaiteurs par le récit que l'on fit de l'acharnement de ce chien, qui ne cessait d'aboyer contre des gens qui se sauvaient. Cet indice suffit pour mettre sur les traces des voleurs, que l'on parvint à rejoindre à plus de quinze lieues d'Athènes, toujours poursuivis par l'honnête chien.

Un jeune homme avait eu la cruelle idée de noyer un chien, parce que cet animal lui déplaisait. Il l'emmena un jour avec lui, monta dans un bateau, et, dès qu'il fut au milieu de la rivière, jeta la pauvre bête dans le courant. L'animal se débattit et essaya de remonter dans la barque. En ce moment le jeune homme voulut lui porter un coup de son aviron ; mais, perdant alors l'équilibre, il tomba dans l'eau, très-profonde en cet endroit. Ne sachant pas nager, il était perdu sans le généreux secours du chien qu'il avait voulu noyer : ce bon animal, loin de se venger, s'empressa de sauver son persécuteur.

Un riche fermier, revenant de toucher une forte somme qu'il emportait sur son cheval, eut la fantaisie de s'arrêter en traversant un bois, de descendre de cheval et de se coucher sur le gazon, non toutefois sans avoir pris la précaution de mettre son argent près de lui et d'attacher son cheval ; tandis qu'un chien, qui lui était affectionné, restait de garde pendant son sommeil. Cet homme, s'étant réveillé tout à coup, ne pensa plus à son sac et monta sur son cheval sans l'emporter. Le chien, qui avait vu l'action de son maître, se mit alors à aboyer après lui de toutes ses forces, à le tirer par ses vêtements. Peine inutile : le cavalier ne pensait plus à son argent. Lorsque le cheval fut au milieu du chemin, le chien se mit en travers, et par ses cris voulut encore empêcher l'animal d'avancer ; puis, voyant que son maître s'obstinait à passer outre, la pauvre bête, désespérée, se mit à mordre cruellement le cheval pour l'empêcher de partir. Le fermier, craignant que son chien ne fût devenu enragé, saisit un pistolet et l'étendit sur le terrain, après quoi il continua sa route. Il avait déjà fait un grand bout de chemin, lorsqu'il s'aperçut que son sac d'argent lui manquait. Aussitôt il tourna bride et revint au galop vers l'endroit où il s'était arrêté. Là, il fut navré de douleur en trouvant son chien fidèle couché la tête appuyée sur le sac. L'animal, en voyant son maître, eut encore la force d'ouvrir les yeux, de remuer la queue et il expira.

Si les chiens ont montré, en tout temps, une vive affection pour l'homme, il est facile de reconnaître que beaucoup de gens les ont payés d'un généreux retour.

Le roi Dagobert fut un des plus grands protecteurs de la race canine : il avait toujours une meute dans ses appartements, et il soignait ces quadrupèdes avec la plus grande sollicitude. Avant de mourir, il voulut qu'on lui amenât ses chiens, qui, le voyant dolent et dans un triste état, se mirent à pousser des gémissements pitoyables ; ce qui toucha si fort le bon roi Dagobert (qui, dit-on, mettait sa culotte à l'envers), qu'il leur adressa ce discours : « Il faut vous consoler, mes camarades, car il n'est si bons amis qui ne se quittent. »

Bien souvent le bon saint Éloi avait reproché à Dagobert sa trop grande tendresse pour des bêtes pour lesquelles il dépensait follement la sueur du pauvre peuple, ce qui n'avait jamais pu corriger le roi, qui était fort têtu de son naturel.

Le poëte Crébillon avait l'habitude de ramasser tous

les chiens errants qu'il rencontrait sur son passage ; il les hébergeait, puis leur trouvait ensuite une condition.

Le grand saint Roch n'eut, dit-on, jamais qu'une faiblesse en sa vie : ce fut l'attachement qu'il conserva pour son chien, dont il ne put jamais se séparer.

Henri III fut aussi l'un des plus grands amateurs de la race canine : il ne pouvait se passer d'avoir toujours autour de lui plusieurs petits chiens.

L'ex-roi de Pologne, Stanislas, avait pour favori un chien du nom de Tristan. A la mort de cet animal, Stanislas éprouva la plus vive douleur, et prit le deuil de son chien.

Le grand Frédéric, roi de Prusse, avait aussi un faible pour les chiens ; il en avait un, entre autres, qu'il appelait Gengisk, auquel il tenait beaucoup. Cet animal, une nuit qu'il faisait la ronde de son camp, l'empêcha d'être fait prisonnier en le prévenant, par ses grondements, de l'approche d'une patrouille ennemie. L'on voit encore aujourd'hui, à Sans-Souci, le tombeau du fidèle Gengisk, ainsi que plusieurs monuments funéraires élevés à la mémoire des chiens du roi.

Le grand Condé fit aussi rendre les honneurs funèbres à l'un des chiens de sa meute nommé Faro, qui succomba en forçant à lui seul, dans ses vieux jours, un cerf dix cors.

L'illustre Catherine, impératrice de Russie, avait aussi une vive tendresse pour les barbets ou les épagneuls. Lorsque l'un de ces animaux favoris mourait, elle lui faisait rendre les honneurs funèbres avec toute la pompe possible, et demandait aux poëtes des épitaphes en leur honneur.

Lorsque l'on pense que la séparation de l'Angleterre du giron de l'Église fut en partie causée par la mort d'un chien, l'on ne peut s'empêcher de réfléchir combien les petites choses de ce monde peuvent entraîner de conséquences.

Le roi d'Angleterre, Henri VIII, surnommé le bourreau de ses femmes, voulait divorcer d'avec Catherine d'Aragon, son épouse. A cet effet il envoya le comte de Wilskice à Rome pour influencer le pape Clément VII, afin d'obtenir la rupture de son mariage. Sa Sainteté ayant accordé une audience à l'ambassadeur anglais, celui-ci se présenta devant lui en compagnie d'un jeune chien qui ne le quittait jamais.

Le pape, selon l'usage, ayant donné ses pieds à baiser au plénipotentiaire britannique, celui-ci se baissait pour accomplir cette marque de respect, lorsque tout à coup son chien se jeta sur les jambes nues du souverain pontife, qu'il mordit à belles dents. Aux cris de Sa Sainteté et des cardinaux présents à cette scène, un garde accourut et tua raide la bête peu orthodoxe qui avait osé ensanglanter les jambes du chef de l'Église. L'ambassadeur, furieux de la perte de son chien, se retira fort mécontent et revint en Angleterre conseiller à Henri VIII de se passer du pape dans les affaires de son royaume. Le roi alors détruisit le catholicisme dans ses États et se fit nommer chef de la religion réformée. Sans la malheureuse escapade du petit chien de l'ambassadeur Wilskice, il est présumable que l'Angleterre serait encore papiste et orthodoxe aujourd'hui.

Le poëte Scarron, dans une de ses dédicaces, s'adresse ainsi à une chienne : « A très-honnête et très-divertissante chienne dame Guillemette, petite levrette de ma sœur. » Mais à l'édition suivante il mit tout simplement : « A ma chienne de sœur. »

Qui ne se rappelle le célèbre Munito, ce chien qui

fit courir tout Paris pour admirer son rare talent au jeu de dominos ?

Munito était un chien caniche de taille ordinaire ; l'éducation et son intelligence naturelle firent de lui pendant bien longtemps le héros des animaux savants. Munito connaissait les nombres, calculait à ravir, et était de première force au jeu de dominos, qui demande une certaine intelligence des nombres, puisqu'il faut savoir distinguer un chiffre d'un autre et combiner ses coups. L'on prétend que Munito ne perdit jamais qu'une seule fois au domino, et encore ce fut, dit-on, contre un Anglais peu délicat : l'animal, s'étant aperçu de la mauvaise foi de son adversaire, se mit à aboyer et se précipita sur lui avec toutes les marques de la plus grande indignation. Cet homme alors fut obligé d'avouer qu'il avait triché au jeu.

En Angleterre, les officiers de police ont l'habitude de dresser des chiens pour les aider dans les différents services dont ils sont chargés ; souvent il arrive que dans certaines circonstances ces animaux montrent infiniment plus d'intelligence que leurs maîtres. Ainsi, par exemple, un policeman chargé d'arrêter les voleurs et de découvrir leurs repaires, avait un chien nommé *Chance* qui lui était d'un immense secours dans ses expéditions. Si l'on parvenait une fois à faire sentir au chien Chance un objet ayant appartenu au criminel poursuivi, il était bien rare que celui-ci échappât aux investigations du chien policier, à moins d'avoir traversé le détroit.

Un autre chien anglais, nommé Bob, a été dressé pour se précipiter au milieu des incendies pour en arracher tous les êtres vivants qu'il pourrait y rencontrer incapables de se sauver eux-mêmes. Dire le nombre

d'enfants, de femmes, de vieillards et d'animaux domestiques qui ont été secourus par le chien Bob serait
trop considérable. Dès que cet animal aperçoit des
flammes, il se précipite au beau milieu de l'incendie et
n'en ressort qu'après avoir parcouru tous les lieux pra-
ticables pour y découvrir quelque être à sauver. Tout
dernièrement, il fut forcé de livrer un combat acharné
à un chien presque aussi fort que lui, qui s'obstinait à
rester dans un endroit où il eût été infailliblement rôti :
Bob fut obligé de l'entraîner par une oreille et de le
sauver de la mort malgré lui.

LE CHIEN DE MONTARGIS.

Vers l'an 1370, il existait à la cour du roi Charles V
deux gentilshommes jeunes et beaux qui s'étaient rencontrés plusieurs fois au milieu des fêtes de la cour ou
dans les antichambres du roi.

Ces deux jeunes hommes, tous deux d'une bonne famille, tous deux doués d'apparentes qualités, étaient
cependant bien différents sous le rapport du caractère,
de la bonté du cœur et des mœurs.

Le chevalier Aubry de Montdidier était doux, bon
et serviable, ne se mêlant jamais aux folies des autres
jeunes gens de son époque. Son bonheur était dans la
vie paisible, et ses goûts le portaient à vivre dans l'isolement. Il avait un chien surtout qui faisait sa joie et
avec lequel il vivait continuellement ; il est vrai que cet
animal lui était fort attaché et ne songeait qu'à lui
plaire. Quant au chevalier Macaire, c'était différent :

d'un caractère rude, possédé d'une insatiable envie de
s'amuser, on était sûr de le rencontrer dans toutes les
méchantes affaires. Joueur, querelleur, emporté, il ne
connaissait aucun frein suffisant pour arrêter ses caprices ou dompter ses mauvais penchants; de plus, il
était enclin à la plus abominable envie : tout individu
dont on disait du bien devant lui devenait son ennemi,
et tout gentilhomme de son âge auquel on accordait
une faveur était sûr de sa haine. Aubry de Montdidier
avait eu le malheur de lui déplaire à cause de ses bonnes
qualités, et il le poursuivait de ses sarcasmes, auxquels
celui-ci ne faisait aucune attention. Cette marque de
mépris, et surtout une faveur qui fut accordée à Aubry
de Montdidier, mirent le comble à la colère du chevalier Macaire, et il se promit de faire un mauvais parti
à son rival.

Ce qui se passa entre ces deux jeunes gens, tout le
monde l'ignore; seulement le jeune Aubry de Montdidier, qui avait annoncé à ses amis qu'il partait pour les
environs de Montargis, ne reparut plus à la cour ni à
la ville.

L'on commençait à s'inquiéter dans sa famille de
cette absence prolongée, lorsqu'un jour son chien
fidèle, réduit à un état pitoyable de maigreur et poussant des gémissements plaintifs, revint seul à Paris chez
l'un des parents du jeune homme. Tout d'abord, l'on
ne porta pas grande attention à cet animal, qui apaisait
sa faim, se sauvait au plus vite et ne revenait tous les
deux ou trois jours que pour prendre quelque nourriture et s'enfuir de nouveau en poussant toujours des
hurlements. Cependant cette conduite donna l'éveil à
plusieurs parents d'Aubry de Montdidier, qui conçurent
le dessein de surveiller le chien, afin de savoir le

motif de son étrange conduite. Ayant donc suivi cet animal, les parents d'Aubry de Montdidier furent bien étonnés de le voir se diriger vers une partie assez déserte de la forêt, où, toujours hurlant, il se mit à gratter la terre en un endroit où elle paraissait fraîchement remuée. Les spectateurs, ne comprenant rien à cette action, mais voulant s'éclairer, se mirent à leur tour à creuser le sol et trouvèrent à une petite profondeur le cadavre de l'infortuné Aubry de Montdidier, qui avait été assassiné et enterré en cet endroit. On rendit les honneurs funèbres au malheureux jeune homme ; puis, comme toutes les recherches que l'on fit pour découvrir le meurtrier restaient infructueuses, l'on ne pensa plus à cette affaire ; seulement l'un des proches parents de la victime se chargea du chien fidèle qui avait fait découvrir le crime commis sur son maître.

A quelque temps de là le parent d'Aubry de Montdidier, se promenant avec le chien qu'il avait adopté, fit la rencontre du chevalier Macaire. A l'aspect de celui-ci, l'animal bondit tout à coup et s'élança sur lui pour le déchirer ; fort heureusement que son maître s'interposa entre lui et le chevalier, et l'empêcha de le mordre. Le parent d'Aubry de Montdidier, ne comprenait rien à la fureur de ce chien, qui était d'une douceur extraordinaire avec tout le monde. Plusieurs fois la même scène se répéta, et certains indices venant à la suite de cette espèce de témoignage de l'animal, l'on fut persuadé que le chevalier Macaire était l'assassin d'Aubry de Montdidier ; mais il n'y avait aucune preuve et personne n'osa porter une accusation.

Cette affaire en serait restée là sans doute, si, un jour où le parent de la victime se trouvait en audience devant le roi, le chien, en apercevant le chevalier Macaire qui s'y trouvait aussi, ne s'était rué sur lui selon son habitude, et si l'on n'avait pas eu toutes les peines du monde à l'empêcher de l'étrangler.

Le roi ayant voulu savoir le motif de l'inimitié de ce chien contre un homme qui paraissait inoffensif, on lui raconta alors l'histoire de l'assassinat et de la mort du chevalier Aubry, la manière dont son chien avait fait découvrir son cadavre, et l'on ajouta que ce qu'il y avait d'étrange dans la conduite de cet animal, qui avait donné une preuve si éclatante de sa fidélité et de son intelligence, c'est que son inimitié contre le chevalier Macaire ne datait que de l'époque où le crime avait été commis.

Le roi réfléchit longtemps à la singularité de la conduite de ce chien, puis, persuadé qu'il y avait quelque chose d'étrange et de mystérieux dans l'opiniâtreté de l'animal à attaquer un seul individu, il fit venir vers lui le chevalier Macaire, lui fit part de ses doutes et le conjura d'avouer la vérité, lui promettant sa grâce au cas où il serait coupable.

Le chevalier Macaire fut d'abord tout déconcerté, mais, revenu à lui, il nia énergiquement avoir jamais attenté à la vie de personne.

Le monarque, ne sachant comment découvrir la vérité, ordonna alors le jugement de Dieu, usité quelquefois dans ces temps à demi barbares, et commanda au chevalier Macaire d'avoir à combattre en champ clos contre le chien.

Au commencement de l'année 1371, au jour indiqué, le chevalier fut conduit, en présence du roi et de la cour, dans une île de la Seine, couvert d'un simple justaucorps et armé d'un bâton noueux. Le chien, de son côté, fut introduit dans la même enceinte, ayant pour toute arme ses dents et un tonneau percé des deux bouts pour se réfugier.

Le combat commença entre l'homme et le chien.

L'animal s'élança plusieurs fois sur son ennemi, mais, accueilli par le terrible gourdin de Macaire, il avait déjà reçu plusieurs cruelles blessures, lorsque tout à coup il se jeta sur son ennemi d'une manière si imprévue et si rapide, qu'il le saisit à la gorge avant que celui-ci eût pu faire usage de son bâton. Le chevalier Macaire, renversé sur le dos, allait être étranglé bel et bien, lorsqu'il cria merci et demanda un confesseur. Alors il avoua de suite que c'était lui en effet qui avait assassiné par jalousie le chevalier Aubry de Mondidier et qu'il l'avait enterré là où on l'avait trouvé après le meurtre. Le roi et toute la cour furent grandement émerveillés en voyant de quel moyen Dieu se servait pour faire triompher la justice. Le chien vengeur de son maître reçut divers honneurs; et quant au criminel Macaire, il fut pendu haut et court au gibet de Montfaucon.

Ceci est le résumé de la chronique qui raconte l'étrange histoire du chien de Montargis, et qui finit en disant qu'il fut peint divers tableaux représentant le chien combattant le meurtrier de son maître. Nous pouvons ajouter que plusieurs de ces tableaux ont été retrouvés dernièrement dans un vieux château des environs de Montargis.

Est-il quelque chose de plus merveilleux que la conduite de ce chien? et son histoire ne devrait-elle pas faire réfléchir les insensés qui se livrent à leurs mauvaises passions, et leur faire comprendre que l'éternelle justice du souverain Maître du monde ne perd jamais ses droits, et que l'heure de la punition d'une action mau-

vaise arrive immanquablement, Dieu ayant toujours à
son service des instruments pour faire découvrir la vérité et punir l'injustice et la méchanceté?

LES CHIENS DU SAINT-BERNARD.

Le mont Saint-Bernard est, comme chacun sait, une
montagne de la chaîne des Alpes, élevée de plus de
10,600 pieds au-dessus du niveau de la mer, et qui sé-
pare la Suisse de l'Italie.

Cette montagne, presque toujours couverte de neige,
était autrefois le seul passage qu'il y eut entre l'Italie,
la Suisse, la France, etc., etc. Chaque année de nombreux sinistres causés par la neige et les ouragans entraînaient la perte d'un grand nombre de pauvres voyageurs, qui périssaient de froid ou de misère pendant les
tourmentes qui exercent leurs ravages sur ces hautes
cimes.

Un saint religieux poussé par son amour de l'humanité, Bernard de Menthon, archidiacre d'Aost, vint s'é-
tablir sur cette montagne en 962, et y fonda un monastère et un hospice.

Il fallait un bien grand dévouement pour se séques-
trer dans un pareil endroit, au milieu des neiges éternelles et des ouragans continuels.

Cette œuvre admirable fut peut-être restée inutile
ou imparfaite, sans le secours d'animaux intrépides et
intelligents qui vinrent prêter leur concours aux nobles
efforts des saints religieux.

Les habitants du monastère, reconnaissant qu'en

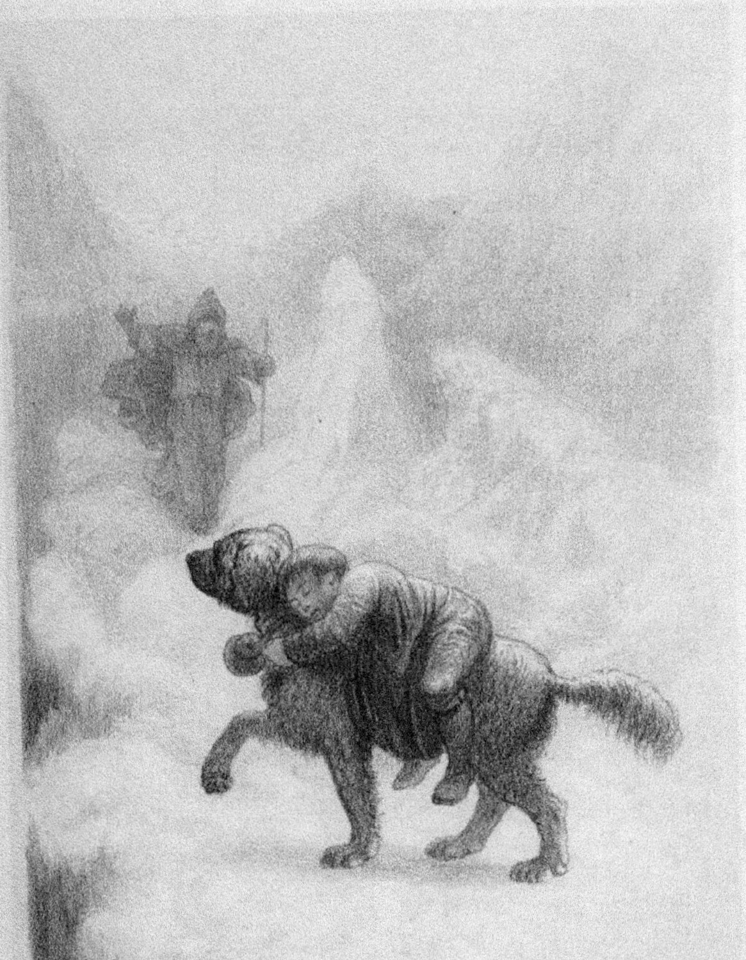

A. Hadamard del et lith. Imp. Godard Paris.

Les Chiens du Saint Bernard

certaines occasions leur zèle était insuffisant, élevèrent et dressèrent de superbes chiens de la race des épagneuls à parcourir la montagne les jours et les nuits où le temps trop mauvais ne leur permettait pas de sortir eux-mêmes, et apprirent à ces animaux à guider les voyageurs au milieu des précipices pour les conduire au monastère, ou les faire attendre le moment où la tempête se calmerait un peu en leur portant des aliments.

Rien n'est vraiment admirable et sublime comme le dévouement des religieux et de leurs chiens sauveurs.

Mon père et ma mère revenaient d'Italie en 1798, lorsqu'ils furent surpris au milieu de la montagne par une de ces tourmentes si fréquentes en ces lieux.

Réfugiés dans les anfractuosités des rochers, ils étaient destinés à y mourir de froid ou de besoin, si la Providence ne leur envoyait un secours inespéré.

Le jour était entièrement obscurci par la pluie glacée qui tombait épaisse et poussée par le vent. De temps à autre des masses de neige se détachaient du sommet des rochers et roulaient en avalanches considérables, entraînant tout sur leur passage. C'en était fait des auteurs de mes jours : il y avait déjà quatorze heures qu'ils subissaient les horreurs d'une position déplorable, la faim les pressait, le froid les avait glacés, lorsque tout à coup, au milieu du bruit de la tempête, ils distinguèrent les sons argentins de plusieurs clochettes; puis ils aperçurent à quarante pieds au-dessus de leur tête, sur le haut d'un roc inaccessible, un superbe chien, dont les aboiements traversèrent les bruits de l'orage. Ils appelèrent alors cet animal à eux par des cris d'angoisse et de désespoir. Le chien plongea de tous côtés son regard intelligent, les aperçut et disparut aussitôt ; mais il arriva bientôt à une petite distance de l'endroit où ils étaient, se frayant à grand'peine un chemin à travers la neige et mille obstacles qui le séparaient des voyageurs.

Alors le bon animal s'aperçut que ceux qu'il voulait guider à travers les précipices étaient incapables de le suivre. Par un dernier effort, il arriva enfin jusqu'à eux, leur montra le petit panier de provisions qu'il portait suspendu à son collier, et lorsqu'ils eurent pris quelques réconfortants, l'intrépide sauveteur poussa un aboiement prolongé, auquel les sifflements de la tempête répondirent seuls. Comprenant que personne ne l'avait suivi, le chien poussa un nouvel aboiement et disparut, au grand chagrin des voyageurs, qui se crurent abandonnés de nouveau.

Le plus profond désespoir commençait à les gagner, lorsqu'au bout d'un certain temps, qui leur parut l'éternité, ils virent venir à eux plusieurs moines courageux qui les transportèrent au monastère, où la plus généreuse hospitalité leur fut accordée : ils purent reprendre des forces, et continuèrent leur voyage au bout de quelques jours.

C'est donc un témoignage de gratitude toute personnelle que je rends aujourd'hui aux saints religieux et à leurs chiens fidèles et courageux.

Chaque fois que la tempête et le mauvais temps s'étendent sur la montagne, plusieurs chiens, portant un manteau roulé autour de leurs reins et des provisions dans un petit panier suspendu à leur collier, sont envoyés dans toutes les directions pour secourir les voyageurs égarés. Il est vraiment beau de voir ces animaux à l'air calme et intelligent, parcourant les rochers presque inaccessibles d'un pas lent et mesuré, comme s'ils comprenaient toute la sainteté de l'acte qu'ils remplissent.

En 1824, il y avait au monastère un chien du nom de Diamant : dire le nombre de malheureux que cet intrépide animal avait arrachés à la mort, serait impossible. C'était surtout dans les moments suprêmes, lorsque les religieux et les autres chiens eux-mêmes n'osaient s'éloigner du monastère, quand la nature bouleversée semblait prête à rentrer dans le chaos ; c'était alors, disons-nous, que Diamant, les yeux brillants, la tête haute, demandait à sortir : sa force, son courage, son intelligence le rendaient cher à toute la communauté ; aussi était-il devenu le directeur des autres chiens, qui semblaient professer pour lui la plus haute estime.

Par un de ces temps affreux où lui seul osait parcourir la montagne, il revint une fois au milieu de la nuit ; ses cris, ses mouvements fiévreux, indiquèrent de suite aux bons religieux qu'il y avait des victimes à arracher à la mort. La tempête avait un peu cessé : aussi se mirent-ils bien vite à la suite du brave chien qui les conduisit, après des efforts et des dangers incroyables, au milieu d'une fondrière, où ils trouvèrent un homme et une femme entièrement privés de sentiment. Les généreux moines s'empressèrent de les transporter dans le couvent. Il y avait environ une demi-heure qu'ils étaient arrivés, ils commençaient à reprendre connaissance ; lorsque tout à coup la jeune femme poussa un cri d'angoisse en s'écriant :

— Mon enfant ! mon enfant !

Les bons pères se regardaient, ne comprenant rien à ce désespoir, puisqu'ils n'avaient point vu d'enfant ; mais la bonne mère criait toujours :

— Mon enfant! mon Dieu, rendez-moi mon enfant, il était avec nous.

Les religieux alors pensèrent que le pauvre petit avait péri sous quelque amas de neige.

La tempête avait repris une recrudescence effrayante; il était totalement impossible de faire de nouvelles recherches. Pourtant il restait une espérance: Diamant n'était pas rentré; sans doute que quelque découverte le retenait loin du monastère. En effet, le bon animal avait trouvé sous la neige un jeune enfant engourdi par le froid. Peu à peu il l'avait réchauffé de son haleine, puis lui avait indiqué le panier aux provisions; l'enfant, enhardi par les caresses du chien, avait fini par grimper sur son dos en s'accrochant à ses longs poils, et c'est ainsi que quelques instants après Diamant apparaissait avec son précieux fardeau.

Comment ne pas aimer et admirer ces précieux et bons animaux.

Selon Buffon, le chien de berger serait le type de la race primitive du chien. Dans tous les cas, aucune espèce d'animaux n'offre autant de variétés que ce quadrupède. Il y en a, comme celui de Terre-Neuve et des Pyrénées, qui sont presque aussi gros que des ânes, et d'autres qui ne sont guère plus gros que des rats : les uns ont le poil long et frisé, d'autres l'ont lisse et court; les uns ont une forte tête, les autres ont le nez allongé; presque tous ont cinq doigts aux pattes, quelques-uns en ont six. Enfin, rien n'est varié comme l'espèce du chien, comme aspect, comme intelligence et comme mœurs.

Le chien de Terre-Neuve, avec ses longues soies, sa belle tête et ses yeux intelligents, est l'un des plus beaux et des plus forts de l'espèce.

Le chien de Terre-Neuve prend un grand attachement pour son maître ; il est plein de bonnes qualités,
mais il a de la rancune : ne le battez jamais sans motif,
ne le brutalisez pas sans raison, autrement, dans un
temps donné, il vous rendra avec usure les mauvais
traitements que vous lui aurez fait endurer. Il nage
comme un amphibie, et est toujours disposé à se jeter à
l'eau ; et pour peu qu'on l'ait dressé à porter secours,
il bravera tout pour rendre service. Nous en avons
même vu qui se passionnaient pour ce genre d'exercice,
et qui guettaient continuellement l'occasion de sauver
quelqu'un des flots.

Alphonse Karr en avait un dans ce genre qui sauva
la vie à plusieurs personnes.

Le dogue est très-remarquable pour sa force et son
courage, et surtout pour son entêtement ; au reste, son
caractère cruel l'a fait bannir de la capitale, et l'a réduit à l'état de chien de basse cour.

L'on prétend que le poëte Byron avait deux chiens
auxquels il tenait beaucoup : l'un était un mâtin de forte
taille ; l'autre était un pauvre roquet.

Un jour, le roquet, hargneux comme presque tous
ceux de son espèce, se prit de querelle avec un chien
de ferme qui le rossa d'importance. Le pauvre roquet
revint tout piteux au logis, et Byron, qui avait vu le motif de la querelle, ne le plaignit pas du tout ; mais, tout
à coup, il vit son petit chien se diriger du côté de son
vigoureux camarade. Ce qu'il dit à ce dernier, personne,
bien entendu, n'en sut jamais rien ; mais, chose singulière et qui semblerait prouver que les chiens ont
entre eux un langage dont ils se servent pour s'entendre,
c'est que le gros chien, après avoir écouté les doléances
de son ami, partit immédiatement sous sa direction, se

dirigeant sur la ferme où son compagnon avait été rossé, et fut droit au chien qui avait si bien houspillé le roquet ; il lui livra un terrible combat, dont le chien de ferme fut la victime. La bataille terminée, les deux amis reprirent le chemin de leur domicile, paraissant l'un et l'autre fort satisfaits de ce qui venait de se passer.

Le lieu de la terre où les chiens vivent avec le plus de liberté est Constantinople : là, les chiens ne sont à personne ; ils vivent comme des citoyens libres, et n'ont rien à craindre des Turcs nonchalants et superstitieux qui ne s'occupent jamais d'eux et les laissent vivre comme bon leur semble, pourvu toutefois qu'ils n'entrent point dans les mosquées.

Le jour, la ville est libre, et les chiens sont retirés chacun dans ses quartiers ; mais dès que la nuit est venue, la voie publique leur appartient, et malheur aux étrangers ou aux retardataires qui ne sont pas munis d'un bon gourdin et d'une lanterne allumée : ils risquent d'être dévorés par les chiens. Les voleurs seuls sont exempts de ces obligations, et l'on dirait que les quadrupèdes ont fait un pacte avec eux, pour ne point les déranger dans leurs excursions : en effet, ils les suivent en silence, les avertissent s'il survient quelqu'un, et partagent avec eux le butin dont ils peuvent s'emparer. Cependant, si par hasard la police intervient, et que les voleurs aient le dessous, les chiens se mettent du côté de la loi et dévorent à belles dents leurs protégés et leurs complices.

Les chiens sont classés par quartier, et ne quittent jamais l'endroit où ils sont nés, et la tribu à laquelle ils appartiennent.

L'on estime la population canine de Constantinople

à plus de 20,000. Cette ville est vraiment le paradis des chiens.

Bien peu de personnes savent ce qui a pu donner lieu à la singulière plaisanterie que bien des gens adressent à certains individus, privés d'un embonpoint raisonnable des tibias : « Cette personne, disent les mauvais plaisants, est certainement allée à Saint-Malo ! »

Eh bien, voici la cause de ce jeu de mots :

La ville de Saint-Malo, peuplée d'intrépides marins et d'armateurs énergiques, fut de tous temps l'une des villes de France qui fit le plus de mal aux Anglais, pendant les longues guerres que le pays eut à soutenir contre eux ; aussi les Anglais conservèrent-ils de tous temps la plus grande rancune contre la marine de Saint-Malo. A plusieurs reprises ils tentèrent de détruire cette ville ; et comme tous les moyens leur sont bons pour écraser leurs ennemis, ils essayèrent d'abord de bombarder la ville, qui leur rendit leurs coups de canon avec usure. N'ayant pas réussi, ils entreprirent de faire sauter le rocher sur lequel est bâti Saint-Malo au moyen d'une machine infernale, qu'ils ont de tous temps été habiles à construire. Cette nouvelle expérience tourna à leur confusion, puisqu'ils perdirent beaucoup de monde dans cette tentative, sans faire aucun mal. Ils essayèrent ensuite de s'emparer de Saint-Malo par trahison ou par surprise, et une nuit ils débarquèrent sans bruit sur la plage, espérant surprendre la population pendant son sommeil. Mais cette fois encore ils avaient compté sans la judicieuse précaution des Malouins. Au moment où ils allaient atteindre les premières maisons de la cité, plusieurs chiens intrépides, auxquels était confiée la garde des remparts, s'élancèrent sur eux et donnèrent l'alarme ; alors les

Anglais furent forcés de se sauver au plus vite, laissant une partie de leurs mollets dans la gueule des chiens, qui les poursuivirent jusqu'à leurs vaisseaux.

C'est de là que les habitants des côtes adressaient, dans la suite, ce sarcasme aux Anglais qui étaient minces et décharnés : « Sans doute, pauvres goddem, disaient-ils, que vous êtes allés à Saint-Malo? »

Pendant bien des années, la garde des remparts et des approches de la ville de Saint-Malo continua à être confiée à d'intrépides et fidèles chiens, qui ne faillirent jamais à la tâche qui leur était imposée.

Malheur aux voyageurs attardés qui se présentaient la nuit pour entrer dans la ville; ils étaient houspillés d'importance, et traités comme des Anglais.

Pour terminer le chapitre des chiens, nous donnons ici l'histoire de *ce chien de Jean de Nivelle,* qui est assez peu connue, et dont le héros à toujours été confondu avec les membres de la grande famille des chiens.

CE CHIEN DE JEAN DE NIVELLE

Par un de ces beaux jours de printemps où le ciel est pur, l'air doux, la vie si bonne pour ceux qui aiment la belle nature et ses riches merveilles, le papa Julien s'était senti à l'étroit dans la grande ville aux mille bruits, dont les maisons si hautes ne laissent arriver que comme à regret quelques pâles rayons de soleil à travers les miasmes et les vapeurs échappés de ses égouts. Il avait pris sa grande canne et s'était dirigé dès le matin vers la délicieuse vallée de Montmorency, où l'on est sûr de trouver les suaves odeurs des fleurs et des arbustes, la paix la plus profonde ; et où les cerises sont si belles et si bonnes, ajouterait plus d'un petit gourmand. Il était heureux, au milieu de cette riche et luxuriante campagne, comme le sont ceux dont le cœur est droit, les goûts simples et la conscience tranquille. Joyeux comme le pinson qui chante dans les arbres, il allait au hasard, sans autre but que de jouir de cette belle journée. Le papa Julien avait dépassé la jolie église gothique qui se trouve sur la place du village, seul monument resté debout dans cette vallée où tant de grands seigneurs ont jadis édifié de si luxueuses habitations, lorsqu'il lui sembla entendre prononcer son nom ; il se retourne, et en effet il reconnaît une charmante jeune fille qui courait après lui, arrivant tout essoufflée et lui montrant par un petit geste mutin, accompagné d'un gracieux sourire, qu'il avait été pris en flagrant délit d'incognito dans un lieu où il était vivement désiré.

— Ah ! comme c'est vilain, dit la jeune fille en approchant de lui ; fi ! le méchant, qui passe comme un étranger, ou comme s'il était fâché, devant la porte de ses amis.

— Allons, allons, calmons-nous, dit le bon papa Julien en souriant ; je n'ai commis aucune ingratitude volontaire envers mes chères petites amies ; mais tout simplement je me suis laissé aller au courant de cette bonne brise qui entraîne les papillons et leurs sœurs les abeilles : je serais revenu certainement vers votre demeure hospitalière.

— Bien, bien ! dites cela pour vous justifier ; mais il n'est pas moins vrai que si je ne vous avais pas aperçu et poursuivi... et encore vous faisiez la sourde oreille, car plus je vous appelais, plus vous pressiez le pas ; absolument comme le chien de Jean de Nivelle, qui s'enfuit quand on l'appelle.

— Non pas le chien, se mit à dire en riant le papa Julien ; mais ce chien de Jean de Nivelle.

— Pourquoi pas le chien ?

— Parce que ce n'est pas le chien, mais ce chien

qu'il faut dire, pour être d'accord avec la chronique.

— Est-ce que vous connaîtriez l'histoire de ce chien de Jean de Nivelle?

— Belle question, vraiment! A quoi m'aurait servi de vieillir, si j'ignorais d'aussi intéressantes histoires?

— Oh! alors, vous allez nous la raconter, n'est-ce pas, bon petit papa?

— Ah! ah! dit le bon papa Julien en riant, voyez comme l'intérêt change les physionomies ; je ne suis déjà plus si noir, depuis que l'on espère quelque chose de moi. Eh bien, je satisferai votre curiosité, mais quand je serai assis.

Tout en causant, l'on était arrivé à la charmante habitation où était attendu le papa Julien.

— Ouf! fit la jeune fille en arrivant, je vous amène mon prisonnier. Ça n'est pas sans peine, il m'a joliment fait courir.

— Je n'ai fait aucune résistance, dit le papa Julien tout en saluant, il faut me rendre cette justice.

— Ah! vraiment, il n'aurait plus fallu qu'une révolte de votre part. Ne parlons plus de cela, je vous ai pardonné ; mais vous tiendrez votre promesse ?

— Avec grand plaisir.

Madame de Biéville et la plus jeune de ses filles avaient abandonné sur une table les frais lilas qu'elles venaient de cueillir, pour ne s'occuper que de leur cher hôte.

Après les compliments d'usage, on installa le papa Julien dans un fauteuil, et on le pria de tenir ses engagements, en racontant l'histoire de ce chien de Jean de Nivelle, ainsi qu'il l'avait promis.

Le papa Julien, toujours bon et complaisant, ne se fit pas prier, et commença ainsi :

Le seigneur Jean II de Montmorency, descendant de ce Bouchard sire de Montmorency qui vivait en 955, et fut la souche de cette illustre maison, aurait vécu assez joyeusement dans son riche domaine, avec ses deux enfants, Jean, seigneur de Nivelle, qu'il avait eu de sa première femme, et Mathieu, issu de son second mariage, sans les ennuis que lui causait l'aîné de ses fils.

Autant Jean était menteur, désobéissant et plein de défauts, autant son frère Mathieu était franc, loyal et plein d'honneur.

Jean, toujours enclin au mal, n'était aimé de personne, tandis que tout le monde chérissait Mathieu.

Un jour que le bon seigneur Jean II se remémorait les grandes et belles prouesses de ses jeunes années, il fut interrompu par la présence de messire Valenver, son chapelain, chargé de l'éducation de ses enfants, qui arrivait l'air piteux et la figure toute noircie.

— Que voulez-vous, messire chapelain ? dit Jean II en l'apercevant.

— Hélas ! Monseigneur, dit le pauvre homme d'un ton dolent, je suis bien marri de venir vous troubler, mais vraiment je n'y puis plus tenir ; vos enfants sont comme de vrais diables à mon endroit, et si vous n'y mettez bon ordre, je trépasserai martyr de leurs méfaits.

— Mais qu'y a-t-il encore ? que vous ont fait ces méchants sires ? Expliquez-vous !

— Je suis juste, je n'accuse pas le sire Mathieu : bien que vif et peu envieux d'apprendre, il ne me moleste pas trop ; mais le sire Jean de Nivelle, oh !...

— Mais c'est donc un chien, un fléau, un soudard, que ce mauvais fils ?

— Imaginez-vous, Monseigneur, qu'il ne sait quoi inventer pour me faire des misères. Tout à l'heure, pendant que j'expliquais de belles enluminures au sire Mathieu, son frère, ne s'est-il pas avisé de nouer ma soutane au pied de la table; puis, profitant de ce que je ne portais aucune attention de son côté, ne s'est-il pas amusé à verser tout le noir à écrire dans mon bonnet! Un instant après, voulant me couvrir, jugez de ma surprise et de mon effroi, lorsque je me suis senti couler sur le visage ce noir liquide. Surpris par cette aspersion, j'ai voulu fuir; mais, hélas! j'ai entraîné la table et tout ce qui était dessus avec moi, et suis tombé à terre, à la grande joie du sire de Nivelle, qui riait comme un mécréant.

— Vertudieu! dit le sire Jean, je le ferai châtier. Retirez-vous!

Le chapelain était à peine sorti que l'on entendit un grand bruit, et un serviteur vint avertir le seigneur de Montmorency que ses deux fils se livraient un combat furieux.

— Amenez-les par-devant moi, de gré ou de force, dit le seigneur Jean; je veux savoir la cause de cette bataille.

Les deux jeunes gens furent amenés devant leur père dans un assez pitoyable état.

— Comment! se mit à dire le seigneur de Montmorency, je ne pourrai donc jamais avoir un jour de repos? Pourquoi vous disputer ainsi? Expliquez-vous.

— La querelle n'est venue, dit le jeune Mathieu, que parce que Jean veut toujours commander et jamais obéir, et moi je ne veux pas l'écouter, parce qu'il ne me conseille que de méchantes actions.

— Eh bien, Jean, que répondez-vous à cela?

— Moi, mon père? je ne réponds rien; car je sais que je ne serais guère entendu. Toutes les douceurs et amitiés sont pour mon frère, et mon droit d'aînesse n'est compté pour rien.

— Taisez-vous, dit avec sévérité le sire de Montmorency ; je sens ma patience à bout. Je vous pardonne les plaisanteries que vous faites à votre maître ès sciences, parce que je tiens que tout le savoir d'un noble gentilhomme est dans son épée et au bout de sa lance ; mais je veux vivre en paix chez moi. Retirez-vous, et vous tenez tranquilles, sinon je vous ferai châtier.

Les deux jeunes gens sortirent ; mais ils ne furent pas plus tôt seuls qu'ils recommencèrent à se quereller.

Le seigneur Jean II, à mon sens, avait grand tort de tolérer les méchefs de ses fils à l'endroit du bon chapelain, et de mépriser la science qui grandit même ceux qui sont déjà bien grands ; il est vrai que dans ce temps-là, où la justice et le bon droit n'étaient *respectés* qu'autant que la force les faisait respecter, ce n'était qu'un hors-d'œuvre prisé par un bien petit nombre.

A Charles VII avait succédé Louis XI. Le sire Jean II de Montmorency était fort âgé ; ses deux fils, émancipés et indépendants, étaient devenus eux-mêmes de puissants seigneurs.

Le roi Louis XI, ce monarque si décrié, si honni, et qui pourtant régna avec tant d'habileté, qui fut si implacable contre le mauvais vouloir des grands seigneurs et si jaloux de la tranquillité du pauvre peuple, dont il prépara l'émancipation, était en son château de Loches, d'où il étendait sa puissante influence sur tout le royaume, lorsqu'il apprit que son ancien allié, le duc de Bourgogne, le bravait et ne tenait aucun compte de ses engagements.

Il fit appeler près de lui le seigneur de Montmorency.

— Eh bien, messire, lui dit-il dès qu'il le vit, que

pensez-vous de la révolte de notre vassal le duc de Bourgogne ?

— Hélas ! répondit le brave seigneur de Montmorency, je la blâme et la déplore ; je m'inscris contre la félonie du duc de Bourgogne, et je suis prêt à vous servir contre lui, de mon corps et de mon bien.

— Je n'en ai jamais douté, dit le roi avec sa bonhomie ordinaire ; mais vous avez une nombreuse famille. Croyez-vous que votre bannière sera suivie par tous les vôtres ?

— Oui, sire, reprit avec noblesse le brave seigneur Jean, si aucuns des miens oubliaient leurs devoirs et leur honneur, je les maudirais et les priverais des fruits de mes héritages.

— Je vous crois, mon cher sire, et connais vos bonnes intentions ; pourtant, j'ai appris que l'aîné de votre lignée vivait en grande intelligence avec notre vassal révolté.

— Ah ! sire, je ne puis croire cette accusation ; mais lors même qu'elle serait fondée, mon sang ne saurait mentir, et mon fils aîné viendrait à mon appel.

— Eh bien, tant mieux ! mon cher sire, dit le roi avec un air de doute ; allez préparer toutes les ressources dont vous pouvez disposer, et veuille la benoîte sainte patronne de Paris que votre fils ne se tourne pas contre nous.

— Oh ! dit avec dignité le vieux seigneur, le supposer est presque une injure.

— Que mon saint patron me garde de vous faire un déplaisir ; mais, Pâques-Dieu ! nous verrons bien si mes prévisions sont mauvaises. Allez, cher sire, et à bientôt.

Le seigneur Jean II n'eut rien de plus pressé que de

réunir ses compagnies et de faire un appel à ses enfants. Mathieu arriva promptement, suivi d'une nombreuse escorte ; mais Jean ne répondit ni ne se présenta.

— Soyez le bienvenu, dit le seigneur de Montmorency à son fils Mathieu ; mais j'aurais désiré que le sire de Nivelle vous eût devancé.

— Hélas ! mon cher père et seigneur, dit le sire Mathieu tout attristé, je crains que le sire de Nivelle ne vienne point ; car j'ai ouï dire qu'il vivait en grande intimité avec le duc de Bourgogne.

— Oh ! s'il me faisait cet affront, dit le seigneur Jean II, je le traiterais comme un *chien qui s'enfuit quand son maître l'appelle,* car ce serait plus qu'une injure, ce serait une trahison. Lorsque la bannière de la France est levée, le devoir d'un Montmorency est de rester au plus près, et de ne jamais la perdre de vue tant qu'il est en vie. Mais attendons, je lui ai expédié un courrier, et j'espère qu'il répondra à mon appel.

Le serviteur envoyé près du sire de Nivelle revint bientôt ; mais, hélas ! avec la mauvaise nouvelle que, bien loin de répondre à l'invitation de son vieux père, le seigneur s'éloignait dans ses terres.

Un second, puis un troisième exprès furent expédiés sans plus de succès ; et loin de se rapprocher, le sire de Nivelle s'éloignait toujours davantage, au grand désespoir du sire de Montmorency.

Le roi Louis XI était venu à Paris pour inspecter lui-même les troupes qu'il envoyait contre son ennemi. Les bataillons défilèrent, enseignes déployées, avec tout l'enthousiasme que montre toujours le valeureux peuple de France lorsqu'il s'agit de défendre la patrie.

A la tête d'un nombreux cortége chevauchait un vieillard courbé par les ans, mais portant encore fièrement son écu et sa lance ; ses pages marchaient près de lui, portant sa bannière couverte d'un crêpe. Arrivé devant le monarque, le vieux guerrier s'arrêta ; puis, levant la visière de son casque, il s'approcha du roi et lui dit :

— Sire, je viens remplir moi-même la tâche que je voulais confier à un bras plus jeune ; mais puisque le sang d'un Montmorency a menti et ne l'a pas étouffé rien qu'à l'idée d'une trahison, je vais de ma personne lui porter le châtiment et le remords, et laver, s'il se peut, la tache imprimée à mon écusson.

— Quoi ! fit Louis XI, il n'a donc pas été possible de ramener votre fils ?

— Je n'ai plus d'autre enfant que mon fils Mathieu, ici présent, dit avec tristesse le sire de Montmorency, et lui seul sera l'héritier de mes titres, biens et honneurs. *Quant à ce chien de Jean de Nivelle, qui s'enfuit quand on l'appelle*, il est maudit par son père et renié par les siens.

— Qu'il en soit selon votre volonté, dit Louis XI ; mais consolez-vous, mon cher sire, car votre fils Mathieu glorifiera grandement votre maison. Adieu, et ne vous chagrinez pas trop.

Le vieux seigneur fut retrouver les autres guerriers et marcha contre le duc de Bourgogne, espérant rejoindre son fils, dont il ne voulait confier la punition à d'autre qu'à lui. Mais Jean de Nivelle se garda bien de se montrer en face de la bannière de ses aïeux, et s'enfuyait chaque fois qu'il l'apercevait.

Quelque temps après la revue des troupes dirigées contre le duc de Bourgogne, Louis XI, assisté de maître Olivier Ledain et de Tristan l'Ermite, ses célèbres compères, se promenait aux abords du Parloir aux

Bourgeois, lorsqu'un larron s'empara effrontément d'un quartier de venaison suspendu à la porte d'une hôtellerie, disant au garçon de l'hôtelier, qui était présent, qu'il était convenu avec son maître de prendre la bête tout entière, mais que, puisqu'il avait disposé du reste, il reviendrait pour s'entendre avec lui. Ce garçon, trop confiant, l'avait laissé faire ; mais maitre Tristan, qui avait vu le tour et cru reconnaître une de ses pratiques, se mit à crier de toutes ses forces :

— Holà ! seigneur larron, arrêtez-vous un instant, que nous réglions un petit compte que nous avons ensemble.

Mais le voleur, bien loin de ralentir sa course, l'activa au contraire, comme vous le pensez bien.

— Je vais poursuivre cet insigne détrousseur, avec votre permission, sire, dit maitre Tristan.

— Laissez donc, compère, dit le roi en riant, ne voyez-vous pas qu'il fait comme ce *chien de Jean de Nivelle, il s'enfuit quand on l'appelle.*

Il n'en fallut pas davantage pour établir à tout jamais une épithète qui marquait la désobéissance et la trahison, et qui est passé en dicton populaire dans nos annales.

Le seigneur de Montmorency était bien loin de supposer, lorsqu'il exprimait avec tant d'énergie la colère qu'il ressentait de la honteuse conduite de son fils, qu'il burinait, pour l'un des siens, une flétrissure que rien ne pourrait effacer.

Jean de Montmorency, baron de Nivelle, fut banni de la France, et s'établit dans le duché de Bourgogne, où sa race forma la branche des Montmorency-Nivelle, qui s'allia avec la riche et ancienne maison de Horne, dont elle recueillit tous les biens. Mais nous devons dire que les descendants du seigneur de Nivelle eurent presque tous une fatale destinée. Nous citerons entre autres Philippe de Montmorency-Nivelle, comte de Horne, qui commandait les Espagnols aux batailles de Gravelines et de Saint-Quentin et fut cause que nous les perdîmes; pourtant le fameux duc d'Albe le fit décapiter en 1568; puis son frère Floris de Montmorency-Nivelle, d'abord exilé en Espagne, et décapité ensuite en 1570.

Le peuple de France, qui souvent, sous une forme légère ou sur un ironique bon mot, donne des leçons aux grands ou flétrit les mauvaises actions de ceux que sa justice ne peut atteindre, conserva le souvenir de la trahison du seigneur de Montmorency, et attacha au nouveau titre sous lequel il cachait un nom si glorieux dans les fastes de la France l'expression de son mépris, en transmettant de génération en génération le fameux dicton appliqué à tous ceux qui fuient devant un devoir, et croient échapper aux reproches de leur conscience parce qu'ils sont allés bien loin cacher leur honte.

Le hasard, ou une bizarre fatalité, a semblé se charger d'éterniser ce souvenir de l'action honteuse de Jean de Montmorency.

Il existe encore aujourd'hui, sur le clocher de l'église de Sainte-Gertrude, à Nivelle (petite ville du royaume de Belgique), une statue en fer qui, à chaque heure du jour et de la nuit, frappe avec un marteau sur une cloche pour annoncer les heures; cette statue est connue sous le nom de *Jean de Nivelle*.

— Taisez-vous, disent les bonnes gens du pays, lorsque Jean de Nivelle fait résonner l'airain sous son marteau. Voici ce *chien de Jean de Nivelle* qui vient nous rappeler qu'il faut compter avec le temps, que les heures s'en vont vite, et que la justice de Dieu est éternelle.

L'histoire de Jean de Montmorency est un enseignement pour les parents trop faibles ou trop insoucieux à l'égard de leurs enfants qu'ils n'ont pas su façonner à l'obéissance dans leur jeune âge, et aussi une leçon non moins grande pour les enfants qui seraient enclins à la colère et à l'endurcissement.

Ainsi, dit en terminant le papa Julien, souvenez-vous que *ce chien de Jean de Nivelle* était un puissant seigneur et non un quadrupède de la race canine, et sachez que la comparaison que vous pourriez faire de ce traître avec un honnête homme serait une grave injure.

Tout le monde remercia le bon papa Julien, qui passa une charmante journée avec ses petites amies, et s'en retourna le soir en promettant de revenir.

LE LOUP.

Le loup est-il un chien devenu sauvage? ou le chien est-il un loup réduit à l'esclavage et habitué à la domesticité? Nous ne discuterons pas cette thèse qui semble résolue par plusieurs naturalistes, qui veulent que le loup soit une race toute particulière. En tout cas, le loup a beaucoup des habitudes et des défauts du chien ; quant aux instincts de fidélité, d'obéissance et d'affection pour l'homme, il en est totalement dépourvu.

Le loup, s'il était classé dans la famille des chiens, serait le Spartiate de cette race : ses goûts, ses habitudes, ses mœurs, sont tout à fait antipathiques à toute espèce de domesticité ou d'esclavage. Il préfère, comme les disciples de Lycurgue, une vie misérable, mais libre, à toutes les chaînes dorées d'une civilisation qu'il abhorre ; le chien, pour lui, est un Athénien dissolu.

Le loup n'est heureux que dans la solitude, ne se
fiant à personne, n'affectionnant rien, doutant de tout;
c'est un sceptique endurci. Ce n'est pas pour rien que
le populaire dit d'un homme égoïste et misanthrope :
« Il vit comme un loup. » Oui, le loup est sauvage et
peu amateur de la société; mais il faut lui reconnaître
une intelligence rare lorsqu'il s'agit de ruser avec tout
le monde, et une énergie peu commune lorsqu'il a pris
une résolution.

Du reste, la femelle du loup est mère tendre et atten-
tionnée, et prête à tout sacrifier pour préserver ou défendre ses petits.

Ce qui me porterait à être de l'avis de ceux qui re-
jettent le loup de la famille des chiens, c'est que cet
animal, contrairement aux instincts de ceux-ci, est
doué d'un amour musical des mieux prouvées. Il y a
même, dit-on, des loups mélomanes et très-forts sur la
fugue et le contre-point.

Je me rappelle à ce sujet, et comme preuve de la
passion musicale du loup, l'histoire d'un pauvre ménétrier de la vallée de Déville qui, tous les dimanches,
venait de Montigny, village situé au milieu des bois,
faire danser, au son de son crin-crin, les garçons et les
filles de la localité.

Une nuit, ce brave homme, qui se nommait le père
François, ayant bu un peu plus que la mesure, s'en retournait à travers la forêt, non sans faire de nombreuses
révérences à tous les arbres de la route. Arrivé dans un
certain endroit très-solitaire, il aperçoit tout à coup,
de chaque côté du chemin, comme deux lumières qui
brillaient dans la nuit et ne le perdaient pas un instant
de vue; l'aspect de ces yeux flamboyants le dégrisa de
suite, parce qu'il reconnut à l'instant que ces lumières

Le père François Ménétrier Normand forcé de faire danser une
sarabande à des Loups.

n'étaient autre chose que les yeux de deux maîtres loups qui n'attendaient que l'occasion pour le mettre en morceaux et se régaler à ses dépens.

Le pauvre ménétrier, poussé par la peur, se mit à courir de toutes ses forces ; mais, hélas ! les loups couraient aussi fort que lui, et ne le perdaient pas un seul instant de vue. Désespéré, ne sachant comment faire pour échapper au danger qui le menaçait, il lui vint une idée des plus bizarres.

Il avait entendu dire que les loups n'attaquaient jamais les musiciens qui voulaient bien leur servir un petit plat de leur métier. Se rappelant qu'il avait son violon, il se mit aussitôt à faire vibrer les cordes de son instrument ; un instant les loups s'arrêtèrent, stupéfaits, incertains.

Le musicien se croyait déjà sauvé, lorsqu'il les aperçut beaucoup plus près de lui, et qu'il reconnut qu'un troisième loup était venu se joindre aux deux premiers. Désespéré de ce nouveau contre-temps, effrayé de ce surcroît d'ennemis, il avisa un arbre facile à escalader et se jucha le plus vite qu'il put au milieu des branches, où il se trouva à peu près à l'abri de la dent des bêtes carnassières.

Se sentant plus fort alors, et voulant essayer si de nouveaux airs n'auraient pas le pouvoir de faire fuir ses persécuteurs, il se mit incontinent à jouer les morceaux les plus bruyants de son répertoire ; mais, jugez de son étonnement, lorsqu'au bout d'un quart d'heure de cette musique, au lieu d'avoir épouvanté les loups, il reconnut qu'il y en avait une douzaine qui gambadaient sous l'arbre où il était, sautant, se trémoussant à qui mieux mieux.

Alors il essaya de jouer des airs tendres et mélancoliques ; les loups s'assirent incontinent sur leur derrière pour l'écouter avec plus d'attention, et se mirent à pousser des soupirs étouffés.

Perdant alors la tête tout à fait, le père François se mit à jouer ses contredanses les plus engageantes, en commandant la mesure comme il en avait l'habitude : « En avant deux ! Chassez croisez ! La queue du chat ! »

Au bout de quelques instants, il s'aperçut que plus de vingt loups s'étaient mis à faire les sauts les plus bizarres, les contorsions les plus fantastiques, sous l'influence de sa musique.

Pour le coup il se crut ensorcelé. Voyant alors que les sons de son violon n'avaient servi qu'à lui attirer un plus grand nombre d'adversaires, il cessa son harmonieux concert.

Les loups, surpris par ce brusque changement, s'arrêtèrent aussi dans leurs ébats ; mais voyant que c'était pour de bon que le musicien avait cessé de jouer ; tous, comme d'un commun accord, se prirent à hurler d'une manière pitoyable.

Ces hurlements n'ayant produit aucun effet, la troupe entière se mit à faire des bonds effroyables pour parvenir jusqu'au ménétrier, qui sentit plusieurs fois le nez des animaux féroces jusqu'à ses jambes, qu'il ne pouvait élever plus haut.

Un instant même les loups se groupèrent au pied de l'arbre, et commençaient à se faire la courte échelle pour arriver jusqu'à lui, lorsqu'il reprit son violon et se mit à recommencer sa musique.

Pendant huit heures durant, il fut forcé de mener le branle des loups, qui s'en donnèrent ce jour-là à cœurjoie ; fort heureusement le jour vint enfin faire fuir ces féroces amateurs de musique et de danse, car le musicien, exténué, n'en pouvant plus, allait succomber sous la fatigue et l'effroi.

Notre homme descendit de son arbre, se sauva chez lui, où il tomba privé de sentiment en arrivant, fit une grosse maladie dont il ne releva que pour déménager au plus vite du milieu de la forêt, afin de ne plus être dans la nécessité de faire danser la sarabande à des loups pour se garantir de leurs morsures et de leurs fureurs musicales.

Le loup est l'épouvantail des paysans et des enfants. L'hiver, à la veillée, les histoires les plus dramatiques, où les loups jouent les principaux rôles, font frémir les auditeurs. Les loups-garous surtout sont la terreur des jeunes filles et de tous ceux qui sont crédules.

Tant que le loup n'est pas poussé par la faim, il n'est ni sanguinaire, ni féroce; au contraire il agit avec la plus grande circonspection, et ne met pas la plus petite mauvaise chance de son côté. Cet animal peut rester plusieurs jours sans manger ; mais, dès que la faim le presse, il ne connaît plus ni prudence, ni faiblesse : il se jette n'importe où et sur tout ce qu'il peut attraper, et nous croyons même que le proverbe : « *Les loups ne se mangent point entre eux,* » est entièrement faux, comme une foule d'autres proverbes menteurs dus à la superstition ou au manque de lumières. Les loups s'attaquent rarement entre eux, il est vrai; mais si l'un d'eux vient à être blessé dans un combat, l'odeur de son sang peut allumer la férocité de ses camarades : alors il est impitoyablement dévoré sur place.

Les loups, tout en vivant retirés et solitaires, s'associent quelquefois pour chasser la grosse bête. Lorsqu'ils veulent forcer un cerf, ou se régaler d'un daim ou d'un chevreuil, ils se réunissent plusieurs ensemble ;

l'un d'entre eux prend la direction de la chasse. Il pose des relais et des sentinelles en divers endroits où il pense que passera le gibier, puis lui-même se met en quête avec d'autres compagnons pour rabattre. Cette association est presque toujours fatale aux animaux qu'ils convoitent, qui finissent par tomber sous la dent de leurs ennemis si bien organisés.

En Russie et dans les pays du Nord, les loups vivent moins solitaires et sont au contraire presque toujours réunis en troupes nombreuses, l'immensité des forêts permettant au gros gibier de pourvoir à sa sécurité en se sauvant bien loin.

Les loups détestent les chiens et cherchent tous les moyens possibles pour leur jouer quelques vilains tours. Il est vrai que ceux-ci leur rendent bien leur haine, et qu'ils les poursuivent sans ménagement.

Si un loup aperçoit un jeune chien, il se couche et fait mille tours charmants pour l'attirer ; si le jeune imprudent a le malheur de se laisser aller à la curiosité, il est perdu : il n'est pas plus tôt à proximité de son ennemi que celui-ci se jette sur lui et l'étrangle.

Il y a le loup brun de nos contrées, et le loup noir de la Russie, qui est plus féroce que le loup brun ; puis il y a, en Amérique, le loup des prairies, qui vit en troupe et est tout à fait inoffensif pour l'homme.

Il y a aussi le loup-cervier ou lynx ; celui-là vit dans les grandes forêts des climats chauds, il est encore plus féroce que le loup noir.

Le loup est en général le type des bohémiens et des vagabonds ; son indépendance lui est plus chère que toutes les douceurs de la vie domestique.

LE CHACAL.

Le chacal est aussi une espèce de loup des pays méridionaux ; son pelage est blanc au dessous du ventre et jaunâtre sur le dos. Le chacal s'apprivoise assez facilement, et les peuples de l'Orient le dressent même, dit-on, pour la chasse.

Bien longtemps l'on a cru que le chacal était l'espion du lion, qu'il allait l'avertir de l'endroit où se trouvait le gibier, et que, pour ce motif, l'empereur des forêts lui laissait sa part du butin. Nous ne croyons pas à cette générosité du lion et à cette attention du chacal ; seulement le chacal, sachant que le lion fait chère lie sans se gêner, se tient à la piste de ce grand seigneur des forêts pour se régaler des bribes de ses festins.

A l'état sauvage, le chacal vit en troupe, et organise des chasses mieux que les meilleurs veneurs.

La voracité de cet animal est excessive, et lorsqu'il n'a pu se procurer une proie, il va déterrer tous les cadavres qu'il peut trouver.

LA HYÈNE.

La hyène est de la grosseur d'un chien de berger ; sa couleur est d'un gris jaunâtre ; elle habite toutes les contrées chaudes de l'Asie et de l'Afrique. Cet animal est loin d'être aussi terrible que les voyageurs nous le décrivaient. Il est généralement lâche, et, s'il est cruel, ce n'est guère qu'avec les animaux faibles. Sa voracité est très-grande, et rien ne lui répugne pour la satisfaire : les charognes les plus infectes, ou les animaux les plus dégoûtants, sont toujours bons pour contenter sa gourmandise. L'on en apprivoise quelquefois qui finissent par se civiliser un peu ; pourtant c'est une vilaine bête, en horreur aux Arabes, qui ne voudraient pas pour tout au monde se servir de leurs armes pour abattre un pareil ennemi : ils les assomment à coups de pierres ou de bâton, les trouvant trop lâches ou trop immondes pour mériter un autre genre de mort.

LE RENARD.

Le renard est l'un des animaux les plus communs de nos contrées. Sa taille est moins forte que celle du loup ; la couleur de son poil est d'un gris fauve ; sa queue est touffue, et ses pattes de derrière paraissent beaucoup plus courtes que celles de devant, malgré qu'il y ait très-peu de différence. Son aspect est des moins engageants : sa mine est fausse, sa tournure indique des habitudes perverses, et, en effet, semblable à un vieux filou qui a pris les allures du vice, il ne peut dissimuler entièrement le cachet indélébile dont il a les stigmates.

Le renard est l'animal sur lequel l'on a le plus fait de contes et de récits : ses ruses et les mauvais tours qu'il a toujours dans son sac, lui ont acquis une réputation qui l'a élevé sur un piédestal qu'il ne mérite pas toujours. Il est devenu, à juste titre, l'emblème de la duplicité, de la finesse et de la tromperie.

Le renard n'a rien de la bonté du chien ni de l'énergie du loup : c'est un malfaiteur de bas étage, sans cesse occupé des moyens de nuire, rien que pour le plaisir de malfaire. Le chien respecte la propriété d'autrui et la défend même ; le loup l'attaque en face et courageusement, pour satisfaire son appétit ; le renard, lui, ne respecte rien et prend tous les détours imaginables pour détruire tout ce qu'il peut détruire ; s'il peut s'introduire dans un poulailler ou dans une bergerie, ne croyez pas qu'il se contentera d'un certain nombre de victimes ; non : il égorgera tout ce qu'il pourra égorger, rien que pour satisfaire sa passion sanguinaire.

Si le renard possède toutes les ruses d'un esprit malfaisant, il en a aussi tous les vices, et je ne puis, en vérité, le mettre en parallèle avec le chien ou le loup, que pour faire ressortir toute l'ignobilité de sa bassesse.

J'accorde une certaine somme d'intelligence au renard pour tout ce qui est astuce et tromperie ; mais, en dehors de cela, croyez-moi, c'est un pauvre sire :

il est lâche, cruel sans nécessité, et sans cesse porté à nuir.

Le renard vit seul ou en société avec sa femelle, avec laquelle il fait assez bon ménage, et il l'aide avec dévouement à nourrir et à élever ses petits. Quelquefois il s'associe à un autre renard pour rendre sa chasse plus fructueuse ; mais presque toujours cette société en participation finit par une bataille entre les deux larrons, qui ne cherchent que l'occasion de se tromper, et qui feraient croire volontiers que le proverbe : « A trompeur, trompeur et demi, » a été inventé pour eux.

Lorsque deux renards s'associent pour la chasse, l'un d'eux est posé en vedette dans un certain endroit où les chasseurs espèrent faire arriver leur victime. Pendant que l'un guette la proie enviée, l'autre la poursuit et la pousse sans cesse vers le lieu où se trouve son acolyte, en faisant entendre une espèce d'aboiement. Si le gibier ne se laisse pas rabattre du bon côté, celui qui a couru vient se mettre à son tour au repos, pendant que son complice reprend la poursuite de plus belle. Par exemple, si par hasard le gibier vient à passer assez près de celui des deux renards qui se trouve en sentinelle pour le happer au passage, et que celui-ci le manque, alors commence la plus rude bataille entre les deux bandits, qui se séparent après s'être mordus et arraché le poil d'une bonne sorte.

Le renard n'a jamais pu être apprivoisé. Plusieurs fois l'on a essayé de l'accoutumer à la domesticité, sans pouvoir réussir.

Le renard joue tous les rôles, prend toutes les formes pour arriver à ses fins ou lorsqu'il s'agit d'échapper aux chasseurs.

Il n'y a pas bien longtemps que des chasseurs en ti-

rèrent un qu'ils crurent mort, l'ayant trouvé étendu
sans mouvement après lui avoir envoyé plusieurs coups
de fusil. Convaincus que l'animal était trépassé, ils le
mirent avec d'autre gibier dans un grand sac, et laissèrent le sac chez un paysan. Les chasseurs n'avaient
pas fait cinquante pas, lorsque l'un d'eux aperçut tout
à coup un maître renard qui s'enfuyait avec un lièvre
dans sa gueule. On le tire, il tombe mort, et on va pour
le déposer avec le premier que l'on avait tué déjà. Mais,
surprise extrème, il n'y avait plus de renard dans le
sac et il manquait un lièvre. Le renard que l'on venait
de tuer n'était autre que celui qui avait fait le mort un
quart d'heure avant. Le coquin avait si bien joué son
rôle de défunt, qu'il était parvenu à tromper tout le
monde et à profiter de l'occasion pour jouer un bon
tour en emportant le fruit de la chasse de ses ennemis.
Pour cette seconde fois, l'on prit la précaution de lui
passer une corde autour du cou, afin qu'il ne recommençât pas ; mais il était bien mort.

Il y a aussi le renard musqué, qui vit dans les montagnes de la Suisse, et le renard bleu, qui ne se trouve que
dans les climats froids. C'est de la peau de ce dernier
dont on fait les plus belles fourrures.

Le renard ne jouit d'une grande réputation qu'à
cause de sa ruse ; du reste il n'est bon à rien, sauf à être
dépouillé pour se garantir de la bise.

En somme, le renard n'est qu'un filou de bas étage,
qui n'est recommandable à aucuns égards. Parfaitement
inutile dans l'œuvre de la nature, il n'existe que pour
le malheur des petits et des faibles, et ne fait servir
ses instincts de malice et de finesse qu'à faire tort à
tout le monde.

Le fort Samson en attrapa une fois jusqu'à trois

cents, auxquels il attacha une torche enflammée au derrière pour qu'ils incendiassent les récoltes des Philistins ses ennemis. S'il avait pu se faire comprendre d'eux, il eût été inutile qu'il les attachât pour nuire et faire le mal ; il les aurait trouvés parfaitement disposés à agir sans y être forcés.

Maître renard, dans les fables de La Fontaine, joue continuellement le rôle d'un coquin, entre autres avec ce sot de corbeau, auquel il enlève un excellent fromage. Au reste, il est très-bien peint par le fabuliste, lorsque, passant sous des treilles chargées de raisins auxquels il ne peut atteindre, il dit : « Ils sont trop verts et bons pour des goujats. »

Le renard, à l'exemple du chien, est peu amateur de musique.

LE LION.

Nous voici arrivé au prétendu roi des bêtes. Pourquoi ne l'avez-vous pas posé le premier dans cette galerie ? nous dirons quelques lecteurs ; car à tout seigneur tout honneur. Cela est assez vrai chez l'espèce humaine, où généralement il faut rendre hommage aux plus forts et aux plus craints, malgré qu'il serait plus juste de respecter ceux qui s'occupent du bonheur de tous. Mais parmi les bêtes, comme nous avons le choix dans nos appréciations, nous avons donné la préférence aux plus étranges ou aux plus intelligentes, et malheureusement, malgré tout le désir que nous pouvions avoir de placer le lion en première ligne, nous ne pouvons véritablement le considérer que comme le représentant de la force brutale, et le premier d'entre les animaux féroces qui ne rendent aucun service à l'humanité.

Les anciens ont étrangement glorifié l'hôte le plus terrible du désert. Pour eux, le lion, outre la souveraineté de la force brutale, possédait mille qualités diverses qui le rendaient presque respectable. M. de Buffon lui-même nous a dépeint le lion comme l'animal le plus formidable d'entre les bêtes féroces, et, de plus, il lui a prêté une foule de bonnes qualités qui l'ont fait considérer jusqu'ici comme un despote, mais un despote plein de mansuétude et de bon vouloir à l'égard des petits et des faibles, surtout, et peut-être avant tout, quand il a l'estomac bien garni de chair fraîche. Le lion, dit-il, n'attaque jamais en traître; quand la faim le presse, il sort de chez lui pour fournir sa cuisine. Alors on l'entend, il rugit et fait retentir les échos de sa redoutable voix; il annonce sa présence et semble dire gare aux timides et aux innocents. C'est toujours le gibier le plus fort qu'il attaquera. S'il ne rencontre pas une proie digne de son appétit, il se dirige tout simplement vers la demeure des indigènes de la contrée qu'il habite, se lance, sans plus de cérémonie, au milieu de leur camp, emporte ânes, chameaux ou brebis, et ne reparait que quelques jours après pour recommencer s'il n'y a pas d'opposition, et malgré l'opposition s'il y en a.

Au reste, messire lion ne consomme guère qu'une vingtaine de kilogrammes de viande par jour; il est vrai que pour le prix qu'elle lui coûte, il pourrait en consommer davantage : peut-être craint-il de faire comme font beaucoup de petits gourmands, de manger trop et de se donner une indigestion. Pourtant, lorsque les temps son difficiles, il se réduit à moins encore et sait modérer son appétit : quand il n'a pas faim, il dort ou se promène sans souci, et sans attaquer rien de ce qui l'entoure ; il est généreux et sans férocité, toujours quand il n'a pas faim ; il est reconnaissant et sait rendre le bien pour le bien, peut-être aussi quand son ventre est plein.

Maintenant plusieurs naturalistes, qui sans doute ont étudié les mœurs du lion dans le bois de Meudon ou sous les lilas des prés Saint-Gervais, se sont amusés a rapetisser le roi des animaux et à le peindre comme un glouton féroce, sans honneur, sans répugnance de toute espèce de crimes, et rempli de lâcheté, de gourmandise, de paresse et de traîtreuses pensées. Ce tableau, si rembruni de la physionomie du lion, nous paraît entaché de la plus grande injustice et de la plus incontestable inimitié. Aussi n'attachons-nous aucune importance à l'opinion des détracteurs du lion, et nous préférons fixer notre manière de voir, à propos du caractère et des mœurs de cet intrépide carnassier, sur les renseignements d'un homme qui les a fréquentés et doit les connaître mieux que tous les écrivains qui ne les ont vus qu'à travers le prisme de leur imagination, ou empaillés au Muséum d'histoire naturelle. Cet homme, dont les appréciations sont pour nous des témoignages auxquels nous ajoutons la plus entière confiance, c'est Gérard le tueur de lions, c'est Gérard, le valeureux adversaire du roi des animaux féroces, qui certes a pu l'étudier, lui qui en a abattu plusieurs douzaines, après avoir passé des jours et des semaines à suivre leur trace pour le plaisir de rendre service à quelques tribus dont les bestiaux étaient décimés par ce seigneur à la Grosse-Tête, comme le nomment les Arabes.

Gérard n'est ni aussi admirateur de la grosse bête que les anciens, y compris M. de Buffon, ni aussi méprisant à son endroit que nos savants de société.

« Il faut avoir vu le lion, dit-il, dans toute la plénitude de sa puissance et de sa liberté, pour le juger ; il faut avoir assisté le soir, au moment où la lune se lève, aux premières explosions de son réveil, et avoir entendu les sons prolongés de ses rugissements répercutés par les échos, pour se rendre compte de l'espèce d'influence que produit sa grande voix, transportée dans l'espace, à travers les brises du désert, au milieu du calme de la solitude. Il faut avoir subi, ne serait-ce qu'une seconde seulement, toute la terrible force du magnétisme de son regard, pour avouer, sans honte comme sans lâcheté, que le lion est le plus terrible des animaux féroces. »

Le lion n'est ni couard ni fanfaron. Tout chez lui annonce qu'il connaît sa force et sa puissance, mais qu'il trouve inutile d'en abuser ou même d'en user sans nécessité. En somme, le lion est le plus intrépide des animaux, et, sans avoir l'intelligence de beaucoup d'animaux moins célèbres que lui, ou au moins sans montrer cette intelligence à l'homme, il n'est point sans posséder des instincts généreux qui l'empêchent de faire comme bien d'autres bêtes fauves, qui font le mal pour le plaisir de le faire ; et dans ses attaques il ne tue jamais que la bête qu'il veut emporter.

Le lion a 8 à 10 pieds de long sur 4 à 5 de haut. Le mâle porte sur le cou une épaisse crinière ; la femelle n'a pas cet ornement ; sa démarche est calme et majestueuse ; son regard est terrible et plein de menace ; sa voix ressemble au tonnerre ; ses rugissements, pendant le silence de la nuit, produisent la plus étrange sensation; sa force musculeuse est inimaginable. Il fait des sauts et des bonds de plus de quinze pieds, tombe comme la foudre sur sa proie, la déchire avec ses redoutables griffes, et avale les os et la peau. S'il se cache quelquefois pour attendre le butin qu'il convoite, c'est qu'il pense que c'est le seul moyen de se le procurer *sans trop* de fatigue.

Les Arabes craignent le lion par-dessus toute chose, ne l'attaquent qu'avec la plus grande circonspection, et lorsqu'ils sont en très-grand nombre, sachant bien que la terrible bête ne se laissera point tuer sans chercher à se venger; et il est rare, en effet, qu'une chasse au lion leur coûte moins de deux ou trois victimes. Aussi leur respect pour Gérard le tueur de lions, qui attaque seul ce redoutable ennemi, est-il des plus grands.

Le lion a donné des marques d'un naturel reconnaissant, et l'on est certain qu'il garde la mémoire des bienfaits.

Un esclave, nommé Androclès, s'était enfui de chez son maître, gouverneur de l'Afrique, après certaines peccadilles à cause desquelles il redoutait un rude châtiment. Il s'enfonça dans les déserts de Barca, espérant y trouver la sécurité. Harassé de fatigue et de besoin, il se réfugia un jour au fond d'une vaste caverne qu'il rencontra sur son chemin. A peine était-il dans ce lieu, qu'il y vit entrer un énorme lion qui poussait des gémissements plaintifs. A l'aspect de cet animal féroce, Androclès se crut perdu et s'apprêta à mourir, lorsqu'il vit le lion s'approcher vers lui sans autre marques de mécontentement que des petits cris de douleur. L'esclave, enhardi par la conduite de cette bête féroce, leva les yeux, et reconnut que cet animal avait une forte épine entrée dans la patte; il osa retirer

cette épine et soulager ainsi le lion, qui se coucha
près de lui sans essayer le moins du monde de lui faire
du mal.

Le soir venu, la bête féroce partit pour la chasse, et
revint bientôt apporter à l'esclave sa part du butin.
Tous les jours, pendant plus d'un mois, le lion vécut
avec l'esclave sur le pied de la plus fraternelle amitié;
puis, un beau jour, il disparut sans qu'Androclès pût
savoir ce qu'il était devenu. Forcé alors de sortir pour
pourvoir lui-même à son existence, il fut arrêté par les
soldats du gouverneur, conduit à ce maître irrité, qui
l'envoya à Rome pour qu'il servît aux réjouissances po-
pulaires en combattant les animaux féroces dans le
Cirque. . . . .

Androclès venait d'être introduit à son tour dans
l'arène, où déjà plusieurs malheureux avaient succombé
sous la fureur de tigres et d'ours féroces ; le pauvre
esclave, lui, était destiné à combattre un lion énorme
dont on ouvrit la cage. L'animal ne se sentit pas plus tôt
libre, qu'il bondit à quelques pas de sa victime ; mais,
ô surprise ! il s'arrête tout à coup, il remue sa queue
doucement, ses yeux fixés sur l'esclave semblent lire
dans les siens ; il s'approche, et Androclès, plus mort
que vif, reconnaît son ami du désert, va vers lui sans
crainte et reçoit ses tendres caresses, aux acclamations
des spectateurs émerveillés de cette scène étrange et
qui demandent à grands cris la grâce du prisonnier.
L'empereur Claude, qui présidait lui-même aux jeux
du Cirque, ne put s'empêcher d'être ému, et, ne voulant sans doute pas passer pour plus cruel qu'une bête
fauve, fit venir devant lui l'esclave épargné par le lion.
Androclès lui raconta l'histoire de son intimité avec
l'animal qui venait de le reconnaître, et l'empereur,

charmé, ordonna la mise en liberté de l'esclave et du lion.

Androclès, libre et heureux, parcourut les rues de Rome avec son lion simplement attaché avec un ruban, et chacun disait, en voyant l'homme et l'animal : « Voici celui qui a osé secourir un lion, et voici le lion qui a épargné celui qui l'avait secouru. »

La ville de Florence était dans le plus grand émoi : une lionne venait de s'échapper de la ménagerie et parcourait les rues et les places, faisant fuir devant elle les habitants épouvantés. Une jeune femme, qui se promenait en ce moment avec son enfant dans ses bras, aperçut tout à coup la bête féroce se dirigeant vers elle. A l'aspect du danger, cette malheureuse perd la tête et laisse tomber son nourrisson en se sauvant ; déjà elle avait franchi une certaine distance, lorsque des rugissements formidables la firent se retourner. Voyant alors la bête féroce prête à saisir son enfant, qu'elle avait un instant oublié, cette mère revint sur ses pas, se précipita au-devant de la lionne, la suppliant à genoux, les mains jointes, d'épargner ce qu'elle avait de plus cher au monde. La lionne, surprise sans doute de l'action courageuse de cette femme, s'arrêta tout court, battit ses flancs de sa queue en examinant le tableau qu'elle avait devant elle, puis se tourna d'un autre côté et partit sans avoir fait aucun mal, ni à la mère, ni à l'enfant.

. Pendant les guerres des croisades, un chevalier de la suite de Godefroi de Bouillon étant entré dans une forêt, entendit tout à coup des rugissements formidables ; voulant en connaître la cause, il s'approche et aperçoit un immense serpent qui était parvenu à enlacer de ses replis ur lion pendant son sommeil, et qui l'écrasait contre le tronc d'un arbre. Le chevalier, sans calculer ce qu'il faisait, s'approcha et coupa la tête du reptile avec son cimeterre. Le lion, dégagé des étreintes du serpent, fut bientôt sur ses pattes à quelques pas de son libérateur, qui pensa seulement alors au péril qu'il avait attiré sur lui par son action irréfléchie. Pourtant il attendit sans crainte l'attaque de la bête féroce; mais il fut bien autrement surpris, lorsque le lion qu'il venait de sauver s'approcha de lui avec la plus entière soumission. Le chevalier, émerveillé, caressa cet animal, qui se mit à le suivre et ne voulut plus jamais le quitter.

Forcé de retourner en Europe quelque temps après, le guerrier voulut emmener son lion avec lui, mais le capitaine du navire sur lequel il s'embarqua s'y opposa de toutes ses forces, ainsi que les autres passagers. Contraint d'abandonner son ami sur le rivage, il ne put s'empêcher de donner quelques larmes au souvenir de son lion. Lorsque celui-ci vit le vaisseau s'éloigner, il se jeta à la mer et suivit le navire jusqu'à ce que ses forces fussent épuisées, et mourut aux yeux du chevalier au milieu des flots.

Il y a quelques années, un lion s'était échappé de la ménagerie du Muséum d'histoire naturelle de Bruxelles et parcourait les rues en poussant des rugissements effroyables. Chacun se barricada chez soi, et les plus intrépides se contentaient de tirer des coups de fusil sur l'animal à travers leurs persiennes. Fort heureusement Martin, le fameux dompteur de bêtes féroces, était à Bruxelles : il se précipita, sans armes, au-devant du lion. Arrivé à quelques pas de l'animal, il s'arrêta, pendant que celui-ci le fixait avec ses yeux ardents; mais tout à coup, à la grande surprise des spectateurs, le lion se coucha sur le ventre et s'approcha en rampant du hardi dompteur de bêtes, qui s'empressa de passer son mouchoir autour du cou de l'animal, et le reconduisit, aux applaudissements de la foule et sans aucune opposition, à sa loge.

Maintenant il est vrai de dire que le lion était une ancienne connaissance de Martin, qui l'avait eu avec lui pendant un bout de temps.

Nous insérerons ici une anecdote racontée par Charlevoix dans son *Histoire du Paraguay,* malgré l'erreur matérielle qui s'y trouve, attendu que le lion est un habitant de l'Ancien-Monde et qu'il n'y en a pas dans le nouvel hémisphère découvert par Colomb. Il est certain que la lionne dont parle Charlevoix n'était autre chose qu'un guépar ou un couguar, animaux de l'espèce du tigre, qui sont nombreux en Amérique.

Les Espagnols se trouvant assiégés dans Buenos-Ayres, le gouverneur de la ville ordonna aux habitants, sous les peines les plus sévères, d'avoir à ne pas sortir de l'enceinte de la cité : une femme osa enfreindre cet ordre et fut prise plus tard, au moment où les Indiens levaient le siége et retournaient chez eux. Cette femme, qui s'appelait Maldonata, fut condamnée à être attachée au milieu de la campagne pour être dévorée par les bêtes féroces.

Il y avait déjà plus de huit jours que la sentence était exécutée, et chacun croyait bien Maldonata devenue la pâture des animaux carnassiers, lorsque l'on vint avertir le gouverneur que cette femme n'était point morte ; qu'elle paraissait au contraire bien portante, malgré une multitude d'animaux sauvages qui l'entouraient, mais qui n'osaient y toucher, parce qu'une lionne et ses petits semblaient la défendre.

Le gouverneur, intrigué de cette singularité, envoya

quérir cette femme, qui fut amenée devant lui, la
lionne et ses petits s'étant écartés à l'approche des soldats. Il demanda à Maldonata comment elle avait
échappé à la dent cruelle des bêtes féroces, et comment
elle avait vécu depuis le temps qu'elle était exposée.
Alors cette femme lui raconta que, lors de sa fuite de la
ville, elle s'était trouvée dans une caverne en présence
d'une lionne qui paraissait souffrir. Comme la lionne
ne lui avait fait aucun mal, elle s'était enhardie, au
point de chercher à la secourir ; la lionne avait accepté
ses soins, et le lendemain, lorsque cette bête eut été
rendue à la santé, elle alla chercher des provisions,
qu'elle sépara généreusement avec sa compagne ; et c'é-
tait ainsi qu'elle avait vécu jusqu'au jour où on l'avait
reprise et condamnée à périr de faim pour sa désobéissance. La première nuit après son abandon dans le
désert, elle s'était crue perdue, parce qu'elle vit accourir
de tous côtés une foule d'animaux féroces qui l'auraient
dévorée bien certainement sans la venue de la lionne
avec ses petits, qui s'instituèrent ses défenseurs.

Cet animal reconnaissant apportait chaque jour au
pied de l'arbre où Maldonata était attachée de la nourriture, que celle-ci pouvait encore porter à sa bouche,
« et c'est ainsi, dit la pauvre femme, que le bon cœur
d'une bête féroce m'a préservée d'une mort horrible. »
Le gouverneur, ne voulant pas paraître plus cruel qu'une
lionne, accorda la vie à Maldonata.

Tout le monde a pu voir au Muséum d'histoire naturelle une fort belle lionne enfermée dans sa cage avec
un petit chien des plus laids. Un jour, on avait introduit le chien près de la bête féroce pour voir ce qu'il
en adviendrait ; la lionne gronda d'abord, puis, voyant
l'air piteux du roquet, qui s'était réfugié dans le coin

le plus obscur, elle le laissa tranquille. A l'heure du repas, contre son habitude, elle laissa une partie de sa nourriture pour le chien, mais celui-ci n'osa y toucher. Le lendemain matin, la lionne en fit autant : le roquet, poussé par la faim, finit par s'approcher d'un air craintif; pourtant peu à peu il s'enhardit, et au bout de quelques jours, non-seulement il n'attendait plus que le bon plaisir de la lionne lui livrât sa ration, il se jetait au contraire le premier sur ce que le gardien apportait, et ne laissait approcher sa compagne, qu'il mordait de toutes ses forces si elle osait remuer, que lorsqu'il s'était repu.

Le chien devint un vrai tyran pour la lionne, qui l'avait pris en affection. Il s'était habitué à dormir au milieu de ses pattes, et il la mordait lorsqu'elle osait le déranger.

Ce chien étant mort, la lionne en eut un tel chagrin qu'elle ne mangeait plus. Alors on essaya de la distraire en lui donnant d'autres chiens, mais elle les étrangla tous ; pourtant elle fit grâce au dernier qu'on lui apporta, mais elle ne l'aima jamais et le laissa vivre par pitié.

Un ancien auteur prétend que le lion est l'animal le plus noble entre les bêtes. « Ses quartiers de noblesse, dit-il, remontent à la création, puisqu'il ne s'est jamais mésallié avec une autre espèce. » L'on pourrait, il me semble, en dire autant de beaucoup d'autres animaux.

Il y a le lion de Barbarie, qui est le plus facile à apprivoiser et le moins féroce.

Il y a le lion des bords du golfe Persique et de l'Afghanistan, qui a la crinière épaisse et de couleur isabelle.

Il y a le lion d'Arabie, qui est d'un jaune sale, dont la crinière est peu fournie.

Gérard le tueur de Lions.

Il y a enfin le lion brun, qui est le plus redoutable et le plus féroce de tous.

Au dire des voyageurs, le lion ne serait pas trop indifférent à la musique. On a surpris, dit-on, plus d'un de ces animaux se glissant en tapinois vers les lieux où se trouvaient des artistes occupés à faire de la musique. Maintenant, on n'a pas pu savoir bien au juste si c'était par amour de l'harmonie qu'ils s'approchaient des musiciens, ou si c'était pour les croquer.

La chasse au lion, qui est très-périlleuse, comme on le pense bien, se pratique de plusieurs manières. La plus usitée parmi les Arabes consiste à creuser une fosse profonde dans le lieu où on suppose pouvoir attirer la bête fauve avec un appât. Si l'animal tombe dans le trou creusé à son intention, les Arabes le tuent sans courir de danger ; mais comme il est rare que le lion se laisse prendre de cette manière, il faut recourir presque toujours aux grands moyens pour s'en débarrasser, qui consistent à aller l'attaquer dans son fort. Ce n'est pas une petite besogne, je vous assure ; aussi, toute la tribu prend-elle les armes en cette circonstance comme s'il s'agissait de livrer bataille à de nombreux ennemis. Malheureusement ces chasses, qui ne réussissent pas toujours, sont marquées par de terribles calamités. Le lion souvent se jette au milieu de ceux qui le poursuivent et se retire fièrement dans quelque fourré après avoir tué ou blessé dangereusement bon nombre de combattants. C'est rarement qu'il succombe ; mais si l'on parvient à le tuer, c'est une fête générale comme si l'on avait remporté une victoire éclatante.

L'intrépide Gérard est le premier qui ait osé attendre le lion et l'attaquer seul. Cette conduite de Gérard l'a rendu l'idole des Arabes, qui ne comprennent pas qu'un seul homme puisse être assez l'ennemi de lui-même pour se risquer contre le seigneur à la Grosse-Tête. Mais laissons parler Gérard. Voici ce qu'il raconte sur une de ses chasses :

« Vers les huit heures du soir, les faibles rayons de la nouvelle lune, qui se couchait à l'horizon , éclairaient à peine le coin de terre où je me trouvais.

« Appuyé contre le tronc d'un arbre et ne pouvant distinguer que les objets qui se trouvaient près de moi, j'écoutais seulement.

« Une branche craque au loin ; je me lève et prends une position offensive commode : le coude appuyé sur le genou gauche, le fusil à l'épaule et le doigt sur la détente, j'attends un instant sans plus rien entendre.

« Enfin un rugissement sourd part à trente pas de moi, puis se rapproche ; au rugissement succède une espèce de roulement guttural, qui est chez le lion le signe de la faim. Aussitôt l'animal se tait, et je ne l'aperçois que lorsque sa tête monstrueuse se trouve sur les épaules du taureau.

« Il commence à le lécher en me regardant, lorsqu'un lingot en fer le frappe à un pouce de l'œil gauche.

« Il rugit, se lève sur ses pieds de derrière et reçoit un second lingot qui l'abat sur place ; atteint par ce second coup en pleine poitrine, il était étendu sur le dos et agitait ses énormes pattes.

« Après avoir rechargé, je l'approche, et, le croyant presque mort, je lui envoie un coup de poignard au cœur ; mais, par un mouvement involontaire, il pare le coup et la lame se brise sur son avant-bras : je

saute en arrière, et comme il relevait son énorme tête
je le frappe de deux autres coups de feu qui l'ache-
vèrent.

« Ainsi finit le seigneur à la Grosse-Tête. »

Comme preuve que le lion ne tue pas comme le tigre
pour le plaisir de tuer, nous citerons d'une manière
abrégée un fait que Gérard rapporte dans son volume
des *Chasses*.

« Deux frères, prisonniers du dey d'Alger, étaient attachés à une même chaîne en attendant le supplice de
la peine capitale qu'ils avaient méritée par leurs crimes.
Ces malheureux, ayant saisi une occasion de se sauver,
s'enfuirent dans la campagne. Mais, hélas ! ils furent
rencontrés par le terrible seigneur à la Grosse-Tête, dont
l'estomac était vide. Celui-ci se jeta sur les fugitifs et
commença par en manger un ; puis, rassasié sans doute
par cette première victime, dont il ne restait plus qu'une
partie de la jambe rivée à la même chaîne que son frère,
spectateur terrifié d'un drame dont il n'espérait pas sortir vivant, la bête féroce se retira sans lui avoir fait le
moindre mal : soit qu'il eût besoin de se désaltérer, soit
qu'il trouvât au-dessous de sa dignité de sacrifier deux
victimes lorsqu'une seule suffisait à son appétit, toujours est-il que le fugitif survivant put se sauver, entraînant avec lui une partie du cadavre de son aîné.

Les soldats du dey, ayant arrêté le criminel fugitif, le
conduisirent plus mort que vif dans cet état à leur maître,
qui ne voulut pas paraître plus cruel que le seigneur à
la Grosse-Tête envers cet homme, et qui lui fit grâce.

LE TIGRE.

Le tigre rayé du Bengale est l'animal le plus intraitable et le plus féroce de tous les animaux : doué d'une
force prodigieuse, rien n'arrête sa soif de sang et de
carnage; pourtant il n'attaque généralement que les
animaux faibles, quoique sa taille surpasse souvent celle
du lion, puisqu'il atteint jusqu'à douze pieds de long
sur cinq pieds et plus de haut. Son courage n'est pas à
la hauteur de sa fiévreuse envie de destruction.

Les tigres des autres contrées sont moins forts, et
d'une taille beaucoup plus petite, sans être moins cruels
et moins avides de sang.

Le tigre est indomptable; rien ne peut le fléchir ni
adoucir ces instincts brutaux. Son courage n'est que la
fièvre de la destruction et l'avidité du meurtre : il n'a
ni sang-froid, ni aucun mouvement de bonté. Il tue,
il égorge sans besoin comme sans pitié. Il est impossible
de l'apprivoiser, car ses goûts féroces le porteraient à
dévorer la main qui lui donnerait la nourriture. Pour-

tant, l'on en a vu quelques-uns, pris tous jeunes, vivre avec les hommes, mais il fallait se méfier continuellement de leur retour au besoin de détruire.

Le père Tochard raconte qu'il fut témoin, à la cour de Siam, d'un combat entre un tigre royal et un éléphant : le tigre, après avoir essayé de se jeter sur la trompe de l'éléphant, fut forcé de se réfugier dans un coin, où il fit le mort pour tromper son adversaire, et l'on fut obligé d'intervenir pour l'empêcher d'être tout à fait exterminé par l'éléphant.

Un jour, on lacha un tigre dans une enceinte où il y avait un cochon ; celui-ci se mit à crier d'une manière si effroyable à l'aspect du tigre, que l'animal féroce en eut peur, et se mit à fuir de toutes ses forces sans oser l'attaquer.

Une autre fois, un tigre ayant sauté par-dessus des palissades, s'envint assaillir un vieux bouc qui ne s'attendait guère à cette visite. Pourtant la bête cornue fit bonne contenance, présenta ses cornes au tigre, fit même mine de l'attaquer ; alors, l'animal carnassier s'empressa de déguerpir au plus vite.

L'on raconte qu'une société s'était assise un jour à l'ombre de quelques arbres, lorsque tout à coup un tigre se précipita au milieu de la compagnie. Une dame, ne sachant trop ce qu'elle faisait ouvrit son ombrelle avec vivacité; le tigre, épouvanté de cette manœuvre, fit un bond en arrière, et se sauva sans avoir fait de mal à personne.

Un ancien ministre de Charles X, M. Guernon Ranville, je crois, avait chez lui un magnifique tigre qui avait été apprivoisé. Il arrivait souvent que les solliciteurs, lorsqu'ils se trouvaient dans l'antichambre du ministre en tête-à-tête avec le tigre, se mouraient de

frayeur et juraient bien de ne jamais plus rien solli-
citer.

Le tigre est si féroce qu'il dévorerait ses petits, si la
femelle n'avait pas soin de les cacher hors de sa vue.

La chasse aux tigres est un amusement des plus dangereux, et ne se fait qu'avec des éléphants et un grand
attirail. Aussi les princes seuls se livrent-ils au plaisir
de cette chasse.

De ce qui précède l'on peut conclure que le tigre,
comme la plupart des méchants, n'est courageux qu'a-
vec les animaux plus faibles que lui.

L'on n'a pu jusqu'ici se rendre compte bien au juste
des dispositions musicales du tigre ; pourtant, beaucoup
de voyageurs nous parlent des concerts des tigres au
milieu des jungles, pendant la nuit : seulement, ils prétendent que cette musique n'a guère d'attrait pour les
hommes et encore moins pour les autres animaux.

LA PANTHÈRE.

La panthère est de la famille du tigre. Beaucoup
moins redoutable que lui, sa férocité cependant est tout
aussi grande. Cet animal habite les parties chaudes de
l'Asie, de l'Afrique et même de l'Amérique.

LE LÉOPARD.

Le léopard est encore de la famille des tigres ; seulement sa peau, au lieu d'être rayée, est tachetée de mar-

ques jaunes et noirâtres. La férocité de cet animal n'est pas moindre que celle du tigre et de la panthère.

LE GUÉPARD.

Le guépard est aussi de la famille du tigre, mais il est moins fort et par conséquent moins à craindre; cependant il est doué d'une grande férocité.

LE JAGUAR.

Le jaguar habite principalement les parties chaudes de l'Amérique; c'est un animal de la famille des tigres : comme tous ceux de cette famille, il est féroce et insatiable de carnage. Les Indiens le chassent pour avoir sa fourrure.

Ils le poursuivent dans les grandes plaines, montés sur de bons chevaux. S'ils peuvent le joindre, ils lui jettent leur lasso, piquent des deux et l'entraînent ; alors l'animal est bien vite étranglé.

LE COUGUAR.

Le couguar habite les forêts du Brésil et du Paraguay. C'est un animal des plus féroces, et auquel il ne manque qu'une force supérieure pour faire tout le mal que ses instincts sanguinaires le poussent à faire.

LE CHAT.

Le chat est un animal que l'homme est parvenu à policer, malgré des instincts féroces et une nature perverse.

Le chat n'est devenu le parasite de l'homme qu'à cause de ses goûts casaniers, et de son besoin de chaleur. L'hiver à plus fait pour rendre le chat civilisé, que toutes les avances de la race humaine.

Le chat, malgré ses gentillesses, ses ron-ron et son apparente bonhomie, est et restera le type de la friponnerie ; c'est un filou de bas étage, qui vit sournoisement à nos dépens, et se moque de nos faiblesses pour sa fausse bonne foi.

Le chat est dans un continuel état de conspiration : il est là, près de vous, il n'a pas l'air d'y toucher ; eh bien, pendant que vous le caressez, il guette votre tourterelle ou votre chardonneret et médite la manière la plus simple d'en faire ses victimes : si vous vous absentez un instant, soyez sûr qu'il tentera tous les moyens possibles pour assassiner ces chers objets de votre affection, non pas pour s'en nourrir, puisqu'il vient de renoncer sur le lait sucré ou la pâtée délicate que vous venez de lui servir; mais pour satisfaire sa férocité native.

Non, le chat n'est pas l'ami de l'homme comme le chien; s'il vit avec lui, c'est pour l'exploiter et lui rendre le mal pour le bien : aussi, je ne comprends pas la douleur de cette mère Michel, qui pensa se faire mourir de chagrin, parce que son affreux matou était disparu, et à laquelle ses amis chantaient ce refrain si populaire aujourd'hui, pour l'empêcher de trépasser.

> C'est la mère Michel qui a perdu son chat,
> Qui cri' par la fenêtre : Qu'est-ce qui l' rendra ?
>   Le père Lustucru lui a répondu :
> Non, la mère Michel, vot' chat n'est pas perdu ;
> Il est dans l' grenier qui fait la chasse aux rats,
> Avec un fusil d' paille et un sabre de bois.
> Etc., etc.

Ma foi, je ne me serais pas donné la peine de répondre à la mère Michel, moi, pensant que si son chat était disparu, c'était tout simplement un filou de moins dans la tribu des chats.

Cela me rappelle l'histoire de ce particulier qui, voulant prouver que l'éducation du chat était tout aussi facile à faire que celle du chien, montrait un chat dressé par lui qui portait les armes, se tenait en faction à la porte d'un jeune barbet qui se laissait garder.

Un philosophe, voulant convaincre cet homme que le chat conservait toujours les mauvais instincts de sa race, emporta dans sa poche une jeune souris, qu'il làcha au beau milieu des exercices du chat savant. L'animal carnassier n'eut pas plus tôt aperçu la souris, qu'il jetta fusil et harnais de côté, et se mit à poursuivre la pauvrette comme s'il n'avait jamais été dressé.

Chassez le naturel, il revient au galop.

Pourtant nous devons avouer qu'il y eut quelques chats recommandables par leur, je ne dirai pas leur intelligence, je dirai leur malice : en voici la preuve.

Un chat maigre et qui jeûnait à sa cuisine, peu garnie sans doute, ayant avisé, du haut de la gouttière où il se trouvait juché, que tous les jours des gens se présentaient à la porte de la communauté d'en face, qu'ils tiraient le cordon d'une cloche, et qu'aussitôt un petit guichet s'ouvrait pour donner passage à une écuellée de soupe, se prit à réfléchir qu'il pourrait, tout aussi bien que n'importe quel individu, tirer le cordon de la cloche, et profiter d'un excellent potage ; aussi saisit-il la première occasion pour satisfaire sa gourmandise.

Un jour, ayant remarqué l'absence de tout témoin, il fut sonner la cloche et reçut une portion de succulente soupe. Cet essai lui ayant réussi, il recommença souvent, jusqu'à ce qu'enfin le cuisinier, inquiet de s'apercevoir qu'il fournissait tous les jours un potage de plus que son compte, se mit en embuscade et surprit maître Rominagrobis dans son petit manége.

Le cuisinier pourtant ne se fâcha pas, satisfait d'avoir rencontré un chat capable de raisonner un pareil tour. Il le laissa continuer ses exercices, seulement il eut soin de lui préparer une portion des restes des autres.

Certains amateurs de chats ont prétendu que cet animal, contrairement au chien, avait des goûts pour la musique, et même qu'il pourrait au besoin remplir sa partie de virtuose dans un concert. Cette théorie nous paraît un peu hasardée ; cependant, certaines chroniques, du temps de Charles-Quint, nous rapportent qu'à l'entrée de ce monarque à Bruxelles, il y eut un divertissement des plus étranges.

C'était un char traîné par des chiens, et qui contenait une troupe de chats musiciens qui faisait retentir l'air d'une harmonie des plus entraînantes. J'aime mieux le croire que de l'avoir vu.

De nos jours nous avons assisté à un concert de chats. Cette séance musicale se donnait dans un endroit fort sombre, éclairé seulement par quelques bougies. Les chats acteurs ne présentaient au public que leur tête passée par un trou ; le reste de leur corps était caché derrière une tapisserie. Après une ouverture de cimbales, de clarinettes et de grosses caisses, ce fut au tour des chats de montrer leur talent. Le concert commença par une horrible grimace de tous ces animaux, puis une note prolongée se fit entendre, sans faire cesser les contorsions de ces bêtes : les sons se pressèrent, les notes montèrent *crescendo*, et, à un temps donné, ce fut un cri si formidable et si désespéré, que tous les spectateurs en eurent le frisson. Chacun crut assister à une fête diabolique. Pourtant nous devons avouer que la musique des chats avait une certaine mesure ; mais quelles grimaces, bon Dieu ! je me les rappellerai toujours et surtout du cri final.

Comment ces chats s'entendaient-ils pour miauler tous en mesure ? C'est ce que la police voulut éclaircir : et elle découvrit que les malheureux chats subissaient une affreuse violence pour amuser les amateurs. Une corde était attachée à la queue de chaque chat, qui avait la tête passée dans un trou dont il ne pouvait pas sortir, et un individu était chargé de tirer les ficelles, plus ou moins vigoureusement, selon le diapason que l'on voulait donner à la voix de chaque musicien. Comme on le pense bien, l'autorité fit cesser ce jeu cruel, au grand plaisir des acteurs, qui s'éclipsèrent dans tous les greniers d'alentour sans demander leur reste ; car véritablement ils n'avaient aucune vocation pour la la musique.

Les chats eurent un moment de triomphante splendeur ; ce fut sous le règne des Pharaons égyptiens. Ces animaux étaient sacrés : on les vénérait dans les temples comme des divinités propices : le peuple se courbait jusqu'à terre lorsqu'il rencontrait un chat dans la rue et lui adressait une foule de prières en sa faveur. La bête eut sans doute préféré un morceau de mou, mais ce n'état pas l'habitude dans ce temps-là : il fallait que les chats vécussent d'encens et de myrrhe. Pourtant, ils étaient gras et dodus : sans doute qu'ils avaient la précaution de se procurer des mets plus substantiels dans le silence de leurs palais et de leurs temples.

Un étranger ayant un jour, dans la ville de Memphis, marché sur la pate d'un chat qui cherchait à lui soustraire une jeune linotte qu'il portait dans une petite cage, fut lapidé par le populaire.

Aujourd'hui, le chat est bien descendu de ce haut piédestal où l'avait mis la crédulité. Pourtant son sort n'est pas des plus tristes ; s'il n'a plus de palais et de temples de marbre où on l'adore, il lui reste, à Paris, les portières ; et si ce n'était les chiffonniers qui en font une certaine consommation à la barrière, et, par conséquent, qui les guettent et les attrapent pour en vendre la peau et manger la chair, il est bien certain que leur position sociale ne serait pas des plus désagrables.

Un chat s'était aperçu que l'heure du dîner, dans une communauté, était toujours annoncée par les sons d'une cloche. Le son de la bienheureuse cloche était pour lui des plus doux, car il se précipitait aussitôt au réfectoire et se regalait des bribes qu'on lui jetait. Un jour maître Rominagrobis, s'étant trouvé enfermé à l'heure où la cloche sonnait le repas, fut forcé de faire jeûne et vigile à son grand désespoir : il est vrai que les chats ne sont pas tenus de se mortifier comme des anachorètes. Le soir venu, notre chat, ayant été mis en liberté, se trouva pressé du besoin de prendre quelque chose ; hélas ! comment faire ? la cuisine était close et le refectoire fermé. Une idée subite l'illumina, sans doute, une idée de chat, bien entendu : il grimpa après le mur, se suspendit à la corde de la bienheureuse cloche qui servait à donner le signal de la bonne chère, et se mit à carillonner de telle sorte que tous les habitants de la communauté, croyant à un sinistre, accoururent de tous côtés et se précipitèrent, alarmés, dans toutes les directions. Jugez de la stupéfaction générale en apercevant l'auteur de ce scandale, le matou, suspendu au cordon de la cloche. Chacun lui courut sus, et loin d'obtenir de la nourriture, le chat ne reçut que des coups ; ce qui dut lui apprendre à méditer le proverbe : « Qu'il ne suffit pas d'arriver, mais qu'il faut arriver à temps. »

Richelieu, le cardinal-ministre, qui avait l'habitude de faire occire un particulier, fût-il prince ou général, sans plus de cérémonie que s'il s'était agi de couper une betterave, adorait les chats. Sa chambre à coucher et son cabinet de travail étaient remplis de ces animaux, auxquels il donnait toutes sortes de friandises. Bien sûr que si Cinq-Mars et le jeune De Thou avaient été de jeunes matous, le terrible ministre n'aurait pas agi envers eux d'une manière si cruelle, sans doute, et se serait contenté de les recommander à son père Joseph, l'éminence grise, qui ne les aimait guère, pourtant, mais leur donnait cependant des gimblettes *pour plaire au* cardinal.

Certains physiologistes ont voulu tirer des conséquences des affinités sympathiques des êtres; eh bien ! qu'auraient-ils dit de Richelieu? dont la haine et la dureté tenaient de la nature du tigre; sans doute qu'ils auraient prouvé que les instincts du ministre, et son affection pour les chats, étaient parfaitement en rapport avec ses passions et ses actes.

Dieu protége la France et fasse qu'il n'y ait plus jamais, à la tête du gouvernement, d'amateurs de chats ! Les chats ont beau faire patte de velours, leurs amitiés ne sont jamais saines, et laissent presque toujours quelques regrets.

Sous l'un des Ptolémées, un citoyen romain, de passage à Alexandrie, maltraita un chat en public; tout aussitôt le peuple voulut étrangler cet imprudent. Pourtant, grâce aux magistrats, qui arrivèrent à temps, il en fut quitte pour une forte correction. Le souverain de l'Égypte, qui craignait que cet acte brutal ne le fâchat avec la puissante république, envoya bien vite des ambassadeurs faire des excuses au peuple romain, à cause de cette algarade; ce qui coûta plusieurs centaines de mille francs. Franchement c'était payer bien cher un miaulement de matou, car il n'y avait pas de quoi fouetter un chat.

Le roi des Mèdes, Cambyse, ayant mis le siége de-

vant une ville importante de l'Égypte, se voyait sur le
point d'être forcé de lever le siége de cette puissante cité,
lorsqu'un de ses généraux lui suscita une idée originale.
Il fit ramasser tous les chats de la contrée, au nombre
de plusieurs mille, et, le jour venu de donner l'assaut,
il les fit porter au premier rang de ses colonnes d'attaque. Les Égyptiens, en apercevant leurs chats divins si
exposés, préférèrent laisser prendre la ville plutôt que de
courir les risques de blesser ces bêtes en se défendant.
La population fut passée au fil de l'épée, ce qui n'empêcha pas les soldats de Cambyse de se régaler avec la
chair des matous sacrés.

Le prophète Mahomet avait une estime toute particulière pour son chat; il prétendait que cet animal était
doué du don de seconde vue, qu'il était très-pieux et
très-recueilli.

Il tirait des pronostics de succès ou de contrariété, selon la bonne ou mauvaise figure de son chat. Un jour
où il méditait une affaire grave, il vit son matou posé
sur la manche de son bournous, les yeux à demi clos,
dans la posture d'un philosophe qui réfléchit aux grands
problèmes de l'humanité. Pensant qu'il ne devait pas
le troubler dans ce moment, le prophète préféra couper la manche de son vêtement plutôt que de déranger
cet animal, étant forcé de sortir. Ce chat musulman a
été mis, par Mahomet, comme on le pense bien, dans
son paradis.

Les gens de la campagne ont aussi pour habitude de
tirer des présages de beau ou de mauvais temps, selon la
conduite et la posture des chats. Si ces animaux se passent la pate sur l'oreille, cela veut dire : munissez-vous
d'un parapluie ; s'ils dorment le nez entre les jambes,
c'est du froid ; s'ils font ron, ron, ron en se frottant

contre vos jambes, c'est de la gelée. Enfin le chat est encore dans une très-grande faveur et jouit de plus d'un privilége auprès de certaines gens, mais, pour mon compte, ce que je prise le plus dans ses qualités physiques et morales, c'est son habileté pour nous débarrasser des souris et des rats, dont il est très-friand.

Les chiffonniers de la capitale sont, en même temps, les pires ennemis du chat, et les plus grands amateurs de cette bête lorsqu'elle est cuite à point ; aussi en font-ils une consommation clandestine considérable, pour satisfaire leur gourmandise et remplir leur gousset en vendant la peau, qui sert à faire des fourrures ; ensuite ces industriels fournissent la cuisine de certains gargotiers de barrières, qui ont l'art de fabriquer, avec du chat, d'excellentes gibelottes de lapin et de savoureux civets de lièvre (Ce qui fait encore mentir ce vieux dicton : « Pour faire un civet il faut un lièvre, » puisqu'on peut en faire avec du chat).

LES SINGES.

Nous n'avons pas l'intention de donner la nomenclature des différentes espèces de singes qui se rattachent à la même grande famille de cette race : nous voulons seulement donner un aperçu des mœurs et du degré d'intelligence de certains d'entre eux.

L'orang-outang, le jocko, le chimpanzé, sont les seuls, parmi cette nombreuse famille, qui méritent vraiment quelque attention.

Le singe est celui des animaux qui se rapproche le

plus de l'homme par son aspect et par tous ses mouvements. Un naturaliste anglais disait même, à ce sujet, qu'il ne savait pas s'il devait classer les hommes parmi la race des quadrumanes, ou classer l'espèce des quadrumanes parmi la famille humaine. Nous croyons le naturaliste anglais atteint du *spleen*, qui jette assez souvent tant de perturbation dans la judiciaire de ses compatriotes; car, Dieu merci! l'homme, s'il est quelquefois bête et méchant, n'en est pas moins doué du feu sacré de l'intelligence; et s'il abdique, dans certaines circonstances, les dons de la sagesse dont Dieu l'a gratifié, il n'en reste pas moins soumis aux droits de sa conscience, aux mouvements d'une force intérieure qu'il ne peut ni éteindre ni diminuer, pendant que le singe n'est soumis qu'à ses appétits grossiers et à ses passions désordonnées.

Pourtant les nègres prétendent que l'orang-outang est un faux bonhomme, qui fait le muet pour ne pas être forcé de travailler. Combien de gens, que nous connaissons, font également la sourde oreille lorsqu'il s'agit de travailler dans l'intérêt général! Pourtant ils sont moins laids extérieurement que des orangs-outangs et n'ont point le prétexte de ces animaux, vu qu'ils parlent assez souvent sans ménagement et sans trop peser ce qu'ils disent.

Les singes, à l'état sauvage, vivent généralement en troupes, et semblent avoir un langage à eux pour se comprendre les uns les autres et n'agir dans certaines occasions qu'après s'être consultés. Leur existence est une folie continuelle; la société entière n'est jamais occupée qu'à comploter des méfaits ou à exécuter des coups de main.

Les singes sont les farceurs, les bohémiens de la

grande famille des bêtes : leur existence se passe à boire, manger, dormir, gambader et jouer de mauvais tours aux pauvres nègres, qui n'ont pas de pires ennemis.

Il faut les voir, lorsqu'ils ont résolu de dévaliser le jardin d'un nègre ou d'un colon, rien n'est plus vite ni mieux exécuté. Dans cette circonstance, toute la population valide des singes est convoquée. Pour un larcin, personne ne manque au rendez-vous ; les plus hardis de la bande entrent audacieusement au milieu des vergers et des jardins ; une longue chaîne est formée depuis les limites de la forêt, et la récolte de celui que l'on a résolu de dévaliser est bientôt faite : les fruits, les melons et les légumes sont passés de main en main et disparaissent comme par enchantement. Si par hasard le volé s'aperçoit du pillage qui se fait sur sa propriété, il arrive précipitamment ; mais les larrons, qui ont des sentinelles en vedette, sont avertis et s'en vont au plus vite, pour revenir dès qu'il seront certains de l'impunité.

Les singes sont de vilaines bêtes, et véritablement il faut avoir bien peu de souci de sa propre valeur pour se comparer à de pareils écervelés pleins de vices.

L'orang-outang vit, sinon solitaire, du moins dans une société peu nombreuse. Ses goûts sont sérieux ; ses actions plus réfléchies que celles des autres singes. Il se bâtit des cabanes, marche droit, debout sur ses pieds, en s'appuyant sur un grand bâton qui lui sert à se défendre et à s'élancer à travers les ruisseaux ou les arbustes. Il y en a dont la taille varie de 5 à 6 pieds.

L'orang-outang a des mœurs assez douces, quoique sauvages ; sa force musculaire est prodigieuse, et il ne craint aucun des animaux féroces lorsqu'il est sur ses gardes, armé de sa terrible massue.

La vie de l'orang-outang est des plus dures, et il est assez difficile d'en tuer. Un navigateur rapporte qu'il eut toutes les peines du monde à en tuer un à coups de fusil; cet animal avait quatorze balles dans le corps, qu'il se défendait toujours avec énergie : ce ne fut que la perte de son sang qui finit par le faire expirer.

Grandpré raconte, dans son voyage à la côte d'Afrique, qu'il avait à bord de son vaisseau un grand singe de plus de 4 pieds de haut qui s'était tellement apprivoisé, qu'il rendait tous les services que peut rendre un matelot consommé ; il avait même appris à chauffer le four, et avertissait le boulanger du moment où la chaleur était à son point. Cet animal intelligent mourut, pendant la traversée, victime des mauvais traitements du second capitaine.

Le P. Caubasson, prédicateur, avait un singe qui ne le quittait jamais. Un jour il le suivit à l'église, et se percha, à son insu, sur le haut de la chaire à prêcher. Au moment où le bon père était dans la chaleur de son discours, le singe, s'étant placé derrière lui, se mit à reproduire d'une manière comique tous ses gestes. Le public, à l'aspect de cet étrange compagnon du P. Caubasson, ne put s'empêcher de rire. Le moine, dans l'ignorance du motif qui causait un pareil scandale, se fâcha contre ses auditeurs, en leur déclarant que leur conduite était plus qu'inconvenante ; le singe continuant ses farces, le public continua de rire avec plus de force. Fort heureusement un ami du P. Caubasson le prévint de ce qui se passait ; alors l'on expulsa le singe, et tout rentra dans l'ordre.

En 1799, un boucher de Worcester, en Angleterre, proposa à un montreur d'animaux, qui avait un petit singe nommé Jacquot, de faire combattre un bouledogue féroce qu'il possédait contre Jacquot, et paria trois guinées contre une que le bouledogue étranglerait le singe en moins de dix minutes.

— Je tiens le pari, dit le montreur d'animaux, à condition que Jacquot aura pour se défendre un bâton de deux pieds de long et suffisamment gros.

Le boucher accorda le bâton et se mit à rire en pensant au mauvais tour qu'il allait jouer au maître de Jacquot en lui faisant étrangler son singe.

L'on conduisit les deux champions dans l'arène, devant une assemblée nombreuse qni ne pouvait s'empêcher de dire tout haut, en voyant la grosseur du bouledogue et la petitesse du singe, combien il y avait de déraison au montreur d'animaux de tenir un tel pari. Pourtant la lutte commença : le chien se précipita sur le singe, qui l'évita d'un premier bond, et d'un second tomba debout sur le dos du féroce bouledogue ; alors, se servant de son bâton, il se mit à en frapper son antagoniste sur la tête avec tant de violence, que bientôt le chien tomba sur le sol, et l'on fut obligé de retirer le terrible Jacquot, qui aurait sans cela achevé son adversaire.

Nous avons connu un armateur qui avait un singe de la race des chimpanzés qui lui servait de domestique.

Kao, c'était le nom du singe, était vêtu en groom, et il mettait la table, servait les plats, remportait les bouteilles vides et se conduisait véritablement comme un valet de bonne maison.

Le pauvre Kao mourut d'indigestion, un jour que son maître donnait un grand dîner. Il avait bien mangé à la cuisine, lorsqu'on lui confia un énorme compotier de purée d'ananas ; le singe, attiré par l'odeur du fruit originaire de sa patrie, ne put résister à la tentation et avala toute la provision d'ananas : le lendemain il.avait succombé.

Le singe, au point de vue de son utilité à l'égard de l'espèce humaine, ne compte pas comme un animal intelligent. Si l'on parvient quelquefois à en civiliser quelques-uns, il n'y a jamais de sécurité à se fier à eux ; leur caractère bizarre et changeant doit nous forcer à les surveiller continuellement.

L'un de ces animaux avait vu maintes fois une nourrice qui allaitait un enfant, l'emmaillotter et lui donner à teter. Un jour, pendant l'absence de la nourrice, le singe n'eut rien de plus pressé que de prendre le nourrisson dans son berceau et de faire tout ce qu'il avait vu faire à cette femme. Entendant du bruit et ne voulant pas se dessaisir du petit qui pleurait, il le prit dans ses pattes et se sauva sur les toits avec l'innocente créature, à laquelle il voulait à toute force donner à teter. L'on parvint à reprendre l'enfant, que l'on put croire un instant perdu ; mais l'on se débarrassa du singe, de crainte que pareille chose ne recommençât.

Un autre singe ayant vu le cuisinier d'une grande maison où il était égorger plusieurs volailles, se saisit un matin, de bonne heure, du grand couteau qui servait à remplir cet office, puis il alla dans la basse-cour et saigna cinquante poulets, canards ou dindons ; il prit ensuite un perroquet qui parlait admirablement et lui en fit autant ; enfin on l'arrêta dans ses sanglantes exécutions, au moment où il allait essayer le tranchant du coutelas sur le cou du cuisinier, qui s'était endormi dans un grand fauteuil.

Le meilleur est de se priver de singe dans son intérieur. Nous sommes assez nos propres ennemis, sans nous rendre les esclaves ou les victimes d'animaux enclins au mal.

⚬

LE CASTOR.

Le castor est depuis longtemps cité comme un modèle d'ordre et de bonne conduite, comme un architecte de grand talent et comme un travailleur habile et infatigable. J'ignore si le castor mérite toutes les louanges que les historiens et les poëtes lui ont adressées ; mais, dans tous les cas, ses mœurs douces, sa patience et son ardeur au travail, contestées cependant par certaines personnes, lui méritent une mention honorable parmi les bêtes qui ne le sont pas tout à fait.

Le castor est un petit animal un peu plus gros qu'un rat, qui vit dans les climats froids et tempérés des deux continents ; seulement il a émigré en grande partie dans les déserts les plus arides du nord du vieux monde et dans les solitudes du nouveau, à cause du manque de sécurité qu'il rencontrait dans les contrées civilisées. C'est surtout dans le nord de l'Amérique que cet intéressant animal vivait, il n'y a pas longtemps encore, en troupes nombreuses ; mais la chasse infatigable des sauvages et des trappeurs, pour s'emparer de leur fourrure, a presque fait disparaitre la race du castor.

Le castor vit sur le bord des lacs ou même au milieu des rivières. C'est là qu'il construit ces fameuses digues qui ont fait sa réputation ; ces digues servent à établir dans l'eau un niveau régulier. Il ronge des arbres considérables avec ses dents et les place en travers des cours d'eau qu'il veut barrer; puis, à l'aide de sa queue, qui lui sert en même temps de truelle, de main et de voiture, il confectionne et charrie un mortier dont il enduit ses travaux : c'est ordinairement derrière ces barrages qu'il établit ses demeures ; il les arrange de manière que, bien que le lieu où il se tient soit au-dessus du niveau de l'eau, il faille absolument plonger pour entrer chez lui.

Le castor, tout petit qu'il est, montre plus de raisonnement et de judicieuse patience que bien des quadrupèdes d'une grande taille.

Puissiez-vous sans cesse penser à l'industrieux et infatigable castor, lorsque vous aurez quelque entreprise à conduire, et vous rappeler qu'il termine toujours l'œuvre qu'il a commencée !

L'ORNITHORHYNQUE.

L'ornithorhynque passerait à juste titre pour un être fabuleux, si nous ne possédions, en Europe, des spécimens de cet étrange animal. En effet, rien n'est extraordinaire, sous le rapport de la conformation, comme l'ornithorhynque.

Cet animal est originaire de l'Australie, cette cinquième partie du monde dont nous ne connaissons qu'imparfaitement encore les productions et le sol. Il est organisé de manière à pouvoir vivre à la fois sur terre, dans l'air ou dans les eaux. Pourtant il n'est qu'amphibie, et il vit alternativement dans les eaux peu profondes ou sur la vase des marais ; ses facultés pour voler n'ont point encore été vérifiées par les faits.

L'ornithorhynque possède à la fois un bec de canard, des ailes de chauve-souris, des nageoires de poisson et des pattes de crocodile. Quant à ses mœurs, on les connaît fort peu ; mais, en tout cas, l'on sait que c'est un animal inoffensif, qui vit d'insectes, d'herbes et de frétin.

LES ABEILLES.

Les mœurs des abeilles furent de tout temps données en exemple, et leur gouvernement fut toujours considéré comme un modèle par ceux qui voulaient policer et organiser des sociétés.

En effet, où trouver réunis plus de qualités essentielles, plus d'ordre, d'économie et de vertus domestiques qu'au milieu de ces petits animaux.

L'organisation de la ruche peut passer, à bon droit,

pour le type des gouvernements monarchiques. Une seule reine règne et domine dans cet empire : la princesse régnante est reconnaissable à ses formes plus allongées et plus majestueuses. Tout, dans le royaume des abeilles, est soumis à sa loi et concourt à satisfaire ses désirs, à prévenir ses besoins; quatre mille esclaves veillent sans cesse à sa conservation et à sa quiétude.

Les abeilles se divisent en trois classes :

Les reines, qui ne sont autre chose que des abeilles ordinaires sorties d'œufs de choix mis dans des cellules plus larges et faites exprès, où elles ont été nourries avec plus de soin et avec des mets sans doute plus délicats, car elles grossissent et prennent bien plus de vigueur que les autres. Les fonctions principales de la reine, dès qu'elle est éclose, consistent à bien boire, bien manger, bien dormir, et plus tard à pondre des œufs, qui seront aussitôt enlevés par les abeilles travailleuses et placés dans de petites cellules, où ils écloront et commenceront à vivre sous les soins de leurs nourrices qui ne les perdent jamais de vue un seul instant; puis ces œufs deviendront, à leur tour, de véritables abeilles, prenant part aux travaux de la colonie;

Les mâles, peu après leur éclosion, sont presque tous mis à mort par les ouvrières, comme inutiles et même nuisibles à la société, parce qu'ils ne sauraient travailler et qu'ils consomment la subsistance de ceux qui dépensent leurs forces au service de la communauté;

Les ouvrières, qui forment la masse de la nation, en sont les véritables membres; les ouvrières n'ont point de sexe et sont destinées, par la nature, à conserver et à entretenir la race des abeilles, qui périrait sans leur secours.

Rien n'est plus extraordinaire à examiner que l'intérieur d'une ruche, et plusieurs naturalistes se sont donné le plaisir de voir fonctionner ces industrieux insectes en les mettant dans des ruches de verre.

L'harmonie la plus grande, l'ordre le plus parfait, semblent régner invariablement au milieu des abeilles ; chaque ouvrière a ses fonctions bien arrêtées : les unes vont butiner sur les fleurs et rapportent le pollen dont elles se sont emparées, qui sert à faire la cire dont on fait les cellules, et le miel, qui est l'essence des sucs les plus purs des fleurs.

Les autres veillent à ce que la reine, qui seule est chargée du soin de pondre et de peupler le royaume, ne manque de rien, et sont sans cesse occupées à prévenir ses besoins et à satisfaire ses moindres caprices.

D'autres travaillent à la fabrication de la cire, à la confection des cellules, à l'épuration et à la conservation du miel, qui est mis en réserve et doit servir de nourriture aux jeunes abeilles et à toute la nation pendant les jours rigoureux.

C'est cette réserve, dont on s'empare par divers moyens, qui nous est livrée dans le commerce.

Pourtant il ne faudrait pas croire, malgré la bonne harmonie qui semble régner au milieu des abeilles, qu'il ne s'élève pas quelquefois parmi elles des conflits et des séditions. Ces petits insectes, si bien doués et qui paraissent si raisonnables, ont aussi leurs moments de troubles et de révolutions.

D'abord lorsque deux reines, écloses en même temps, se trouvent en concurrence pour la possession du pouvoir, la guerre civile éclate : les abeilles se séparent en deux camps, et se livrent parfois des batailles fort meurtrières, jusqu'à ce que l'une des reines ait exterminé sa rivale, ou que l'une des deux, suivie de ses adhérentes, ait pris le parti de s'expatrier.

C'est ce qui arrive le plus communément : la reine rivale rassemble autour d'elle toutes ses amies, et prend son vol sur quelque arbre du voisinage, où elle va fonder une nouvelle colonie.

Tous les ans, lorsque les œufs pondus par la mère-reine sont venus à bien, une émigration a lieu ; sans cela les ruches se trouveraient trop étroites, et les jeunes reines, tenues chaque année en réserve pour remplacer les reines caduques ou infidèles à leur mandat, ou celles destinées à aller fonder de nouvelles colonies avec les jeunes générations, se livreraient sans cesse des combats et mettraient à chaque instant le trône en péril et la nation dans l'anarchie.

Il arrive aussi quelquefois que certaines reines, coquettes ou tapageuses, veulent contrevenir aux usages reçus en s'émancipant un peu ou en cherchant à sortir de la ruche sans le consentement de ses conseillères ; alors la nation se révolte contre cette reine ingrate et despotique, et la chasse honteusement en se constituant en république, jusqu'à ce qu'une jeune reine, façonnée par les sages de la société, soit en état de gouverner sans injustices et sans fantaisies.

Qui a pu donner tant de judiciaire et de qualités essentielles à ces petits insectes ? Où ont-ils puisé les exemples d'ordre, de bonne conduite et de respect aux lois qu'ils nous donnent ? Cherchez, si vous pouvez, l'énigme de cette mystérieuse intelligence des abeilles autre part que dans la volonté du Dieu tout-puissant.

Pour nous, notre raison s'abaisse devant ces choses si étranges.

LA FOURMI.

La fourmi n'est point prêteuse,
C'est là son moindre défaut.

a banalité de cette accusation peut s'adresser à tous les animaux de la création ; car il n'est pas une bête, quelle qu'elle soit, qui ne fasse tous ses efforts pour défendre son bien.

Si la fourmi n'est point hospitalière envers les étrangers, il faut avouer qu'elle pratique une foule de vertus domestiques au sein de ses foyers, et qu'il est peu de bêtes plus intelligentes, plus dévouées et plus fraternelles dans les limites de son univers, qui est sa fourmilière. C'est pourquoi nous ne comprenons pas l'accusation formulée avec tant d'amertume contre ce petit peuple.

N'en déplaise au bonhomme La Fontaine et à ses nombreux admirateurs, la fable de *la Cigale et la Fourmi* n'est ni chrétienne ni morale, et le caractère que le fabuliste prête à la fourmi nous paraît tout simplement très-vilain : toutes les religions ont ordonné l'aumône ; la charité, chez tous les peuples, est la première des vertus ; hors donc, prêter à la fourmi le langage féroce et inhumain qu'elle adresse à la pauvre cigale, et traiter en plaisantant les supplications de la malheureuse affligée, c'est en vérité un manque de cœur ou un vice de

l'âme. Il est toujours odieux de vanter l'égoïsme au dépens de la sensibilité ; le cœur des hommes est assez facile
à s'émousser et à s'endurcir, sans lui prêcher, par des
apologues, la renonciation du plus beau sentiment et
du plus saint des devoirs dont Dieu nous ait donné le
précepte et l'exemple.

Mais revenons au sujet de notre histoire, et essayons
de ne point traiter trop rigoureusement les défauts
d'autrui : nous en avons tant nous-mêmes à nous faire
pardonner !

Bien sûr, il n'est personne au monde qui n'ait plus
d'une fois été porté à considérer le travail des fourmis ; nous-même, dans bien des moments, nous nous
sommes surpris à passer un temps destiné à autre chose
à examiner ces insectes travailleurs et laborieux.

La fourmi, ce pauvre petit insecte pour lequel nous
avons assez d'antipathie en général, peut nous servir
d'exemple dans bien des occasions, et c'est à ce titre
que nous donnons ici quelques épisodes sur ses
mœurs.

Les fourmis vivent en société comme les abeilles ;
seulement jusqu'ici l'on a reconnu que le gouvernement
des fourmis est un gouvernement démocratique. Chez
elles, point de reine exigeante, point de guerre civile
à cause de la succession au trône : toutes les fourmis
paraissent égales devant la loi de la fourmilière, comme
nous sommes tous égaux devant la nature. La société est
composée d'un nombre considérable d'individus qui
semblent n'agir et ne vivre que pour le bien de l'État et
le bonheur de tous. Chacun travaille dans l'intérêt général, les forts aident les faibles, les jeunes écoutent les
conseils des anciens, et l'expérience semble, parmi ce
petit peuple, servir à quelque chose.

Creusez un de ces petits monticules élevés dans les endroits déserts par les fourmis, et voyez avec quel ordre ces insectes ont emmagasiné les provisions qu'ils ont pu récolter pendant les beaux jours; voyez comme les larves, d'où doivent naître les jeunes fourmis, sont soignées et arrangées avec amour.

Pourtant l'on prétend que ce sont encore des fourmis spéciales qui sont chargées des soins et de l'éducation des fourmis adolescentes. Dans tous les cas, chez ces insectes, le bureau des nourrices me paraît très-bien fourni, et il faut supposer que les innocents animaux ne perdent rien à être traités par ces mères du hasard.

Nous ne voulons pas faire le procès des mères fourmis, comme vous le pensez bien; cependant, l'usage de délaisser ses enfants, après les avoir mis au monde, nous semble sinon barbare, du moins tant soit peu insouciant; pour nous, c'est un grief plus sérieux contre les fourmis que l'accusation du bonhomme La Fontaine. Maintenant, est-il bien certain que les nourrices ne soient pas les vraies mères des œufs qu'elles conservent et défendent avec tant de courage et de persévérance, lorsqu'ils courent un danger? C'est ce qui paraît assez prouvé; pourtant, nous ne pouvons accepter cet étrange usage sans protester, et nous espérons encore que de nouvelles études prouveront le contraire.

Les fourmis sont rangées, travailleuses, pleines d'ordre, dévouées à leurs semblables de la même fourmilière; mais en dehors de cela, nous devons reconnaître qu'elles sont atteintes de quelques défauts.

A une certaine époque, la gent fourmi s'était tellement accrue dans diverses parties de l'Amérique, et causait tant de dégâts par ses déprédations, que tous les insectes, en masse, furent excommuniés en grande cérémonie, avec ordre d'avoir à s'en aller par le plus court chemin se précipiter à la mer où en tout autre abîme, d'où elles ne pourraient plus revenir. Cette sommation n'eut aucun résultat ; les insectes firent la sourde oreille, et continuèrent à ravager les plantations et toutes les productions du pays. Ce que voyant, le gouverneur ordonna une croisade contre ces *ingratifiables* réprouvés, et en extermina des quantités immenses, sans pouvoir les détruire totalement.

Si les fourmis sont pleines de charité, de dévouement entre elles, malheureusement ces vertus ne dépassent pas les limites de la fourmilière. Toute fourmi étrangère à la colonie est fort mal accueillie, lorsqu'elle ose se présenter au milieu d'une population dont elle ne fait pas partie ; au moins c'est ce que prétendent quelques naturalistes. Pour nous, qui avons un faible pour ces insectes à cause de leurs bonnes qualités, nous ne pouvons nous empêcher de croire que les fourmis sont compatissantes, généreuses, charitables envers ceux qui méritent leur assistance.

Les fourmis ont l'instinct de la conservation, et prévoient les mauvais temps et les hivers rigoureux. A la fin de l'automne, si vous voulez savoir si l'hiver sera long et rude, cherchez une fourmilière et creusez en cet endroit : si l'hiver doit être doux et sans frimas, les insectes ne se seront guère occupés de se soustraire au mauvais temps ; mais si la saison doit être froide, la bise glacée, soyez sûr que ces petits insectes auront cherché bien avant dans la terre un refuge contre la gelée.

Au printemps, si, par un beau jour de soleil, vous voyez venir butiner les fourmis, et si bientôt après elles disparaissent, soyez convaincu que la saison rigoureuse n'est pas finie, et que de nouveaux froids vont surgir.

Un de mes amis me racontait qu'un jour il avait été témoin d'un fait qui semblerait prouver que les fourmis sont douées du sens musical.

Retiré dans un vieux château de l'Ile-de-France, près Crépy, j'avais l'habitude, me dit-il, d'essayer tous les matins différents morceaux de musique sur mon violon, dont je joue assez passablement. Un jour je remarquai, dans l'encoignure d'une vieille fenêtre en ogive, une crevasse d'où se glissaient silencieuses de nombreuses colonnes de fourmis. Jusque-là je n'avais point aperçu ces petits insectes. Toujours porté à étudier la nature dans toutes ses productions, je voulus voir l'effet des vibrations des cordes de mon instrument sur ces insectes, et je m'approchai assez près du lieu de leur réunion pour les bien examiner pendant le concert que j'allais leur donner. Aux premiers accords de mon violon elles restèrent interdites, quelques-unes mêmes parurent effarouchées; mais peu à peu elles se remirent et restèrent tranquilles tout le temps que dura le morceau que j'avais commencé. Pourtant je dois avouer que par inadvertance ayant fait quelques fausses notes, je fus tout surpris de l'espèce d'agitation qui se manifesta parmi mes auditrices; malgré cela, elles attendirent la fin de mon concert pour se retirer. Persuadé alors que les fourmis étaient douées d'un sens musical très-délié, je me promis d'étudier avec attention cette merveilleuse aptitude chez de si petits êtres.

Le lendemain et les jours suivants, je pus me convaincre tout à fait que mes fourmis étaient musiciennes et des plus délicates : tant que ma musique durait et ne frondait pas par trop les lois de l'harmonie, je les voyais attentives et pleines de recueillement ; mais si, par hasard, je venais à jouer faux, oh! alors, je voyais toute la peuplade rentrer dans son trou avec les plus grandes marques de mépris et de mécontentement. Je fus tellement convaincu du goût exquis de ces insectes pour la musique, que depuis je ne portais de jugement définitif sur les morceaux nouveaux que j'essayais qu'après les avoir consultées, et j'avoue que je ne trouvai jamais leur sens musical en défaut.

Dans les îles de la Sonde, il existe une espèce de fourmi voyageuse qui rend d'éminents services aux naturels du pays, qui, sans le secours de ces auxiliaires, vraiment extraordinaires, ne pourraient habiter ces contrées.

Tous les ans, à une certaine époque, d'innombrables bataillons de fourmis se présentent à l'entrée des villages. Aussitôt les indigènes prennent ce qu'ils ont de plus précieux et se sauvent au plus vite, laissant leurs cases à la merci des voyageuses. Après le départ des habitants, les fourmis prennent possession de toutes les cases du village, et ne se retirent qu'après avoir détruit tous les rats, les serpents, les scorpions et autres animaux malfaisants qui s'étaient glissés sans bruit dans les habitations, et auraient fini par les rendre inhabitables par leurs méfaits sans le secours des fourmis voyageuses. Dès que les maisons du village sont nettoyées, les fourmis se retirent et passent à un autre endroit, où elles rendent les mêmes services.

Les habitants rentrent chez eux en bénissant les hôtes prévoyants et serviables qui ont assaini leur domicile, et ils vivent à peu près en sécurité pendant un bout de temps, comptant sur le retour des fourmis protectrices pour l'année suivante.

C'est dans les plaines de l'Amérique méridionale qu'il

faut aller étudier les instincts et les mœurs des fourmis. Dans ces pays elles sont bien plus grosses que chez nous.

Il y en a de deux sortes, les grises et les presque noires. Ces deux espèces se livrent des combats à outrance ; rien n'est curieux comme la stratégie et les ruses qu'emploient ces insectes pour combattre leurs ennemis.

Lorsqu'une expédition est résolue, toute la population valide d'une fourmilière se met en campagne ; une avant-garde respectable est envoyée en éclaireurs, le reste de l'armée est formé en plusieurs corps de bataille avec des ailes et des réserves ; puis enfin vient une arrière-garde, composée des moins valides, qui cependant ne sont pas dispensées de rendre des services selon leurs forces.

Il faut voir avec quel ordre tous ces bataillons se remuent et se dirigent. Si la nation que l'on va attaquer a été prévenue de la marche de l'ennemi, vite elle est sortie bravement de ses retranchements et marche aussi, dans un ordre parfait, à la rencontre des assaillants. Dès que les avant-gardes des belligérants se sont reconnues, elles battent en retraite jusqu'au corps de bataille : un moment d'anxieux répit est donné aux soldats des deux partis, puis tout à coup les guerriers des deux nations ennemies se précipitent avec fureur les uns sur les autres ; la plus sanglante mêlée a lieu ; la terre est jonchée de morts et de mourants ; la plus cruelle soif de meurtre et de destruction semble régner parmi tous ces petits êtres ; enfin la victoire se décide pour l'un des deux peuples. Alors commence le triomphe des uns et la déroute des autres. Malheureusement l'on a constaté que les fourmis étaient aussi cruelles qu'elles étaient braves. Elles ne font point de prisonniers; tout ce qui est atteint est mis à mort sans rémission.

Puis les vainqueurs s'emparent des magasins de leurs ennemis, où ils trouvent un précieux butin qu'ils se partagent. Alors les conquérants victorieux se retirent avec leurs richesses, pendant que les restes des vaincus s'en vont fonder ailleurs une nouvelle cité, d'où un jour ils s'élanceront à leur tour, pour porter chez des voisins inoffensifs la dévastation et la mort.

Les fourmilières, dans les pampas de l'Amérique et chez les Mosquitos, sont de vrais édifices de cinq ou six pieds de haut, construits avec une solidité extraordinaire. Le canon peut seul détruire ces repaires où vivent ces ennemis, bien redoutables pour les colons.

Un observateur moderne vient, à ce qu'il prétend, de découvrir une espèce de fourmi pour laquelle, nous l'avouons, nous professons le plus complet mépris. Ces insectes sont d'une race toute particulière : ils aiment bien rire, bien boire, bien s'amuser et ne rien faire. Hélas ! combien d'humains, peu généreux, pensent et agissent ainsi, comme si Dieu n'avait pas fait pour tous une loi du travail !

Mais comme à vivre dans la paresse et la bonne chère la race de ces parasites ne tarderait pas à s'éteindre, et qu'il faut des esclaves pour travailler à leur place, des domestiques pour les servir, des flatteurs pour louer leurs vices, et des plaisants pour les désennuyer, car la paresse et les vices sont ce qu'il y a de plus ennuyeux et de plus fatigant, ces monstrueux insectes ont trouvé un moyen tout simple d'avoir toutes leurs aises et de se soustraire aux obligations sociales de tous les êtres. C'est de se réunir en nombre considérable, et d'aller attaquer sournoi-

sement les fourmilières plus faibles qui les avoisinent.
Puis au lieu de prendre, après la victoire, les provisions
des vaincus, ils n'y touchent pas; seulement ces insectes bandits et pirates font main basse sur les larves
de leurs ennemis. Ces œufs sont précieusement trans-
portés au domicile des vainqueurs; là, cet espoir des
futures générations est confié à de laborieuses nourrices qui prennent le plus grand soin de ces embrions,
les font éclore, les élèvent et les morigènent de manière à les rendre dociles aux exigences et aux caprices
de leurs vainqueurs. Leur position sociale consiste tout
simplement à servir et à produire pour leurs maîtres. Ce
sont des esclaves qui ne fonctionnent que dans l'intérêt
des tyrans cruels qui les ont arrachés à leurs foyers et à
leurs parents. C'est ainsi que ces fourmis, non travailleuses, parviennent à se perpétuer, en vivant dans l'oi-
siveté, en se livrant à la bombance et à toutes sortes
d'iniquités, sans se donner ni mal ni fatigue.

En vérité, où l'orgueil, la méchanceté et l'indélica-
tesse vont-elles se nicher. Comme si des fourmis, mu-
nies de leurs quatre pattes, de leurs antennes, de leurs
petits yeux tout ronds, n'étaient pas des fourmis du bon
Dieu tout aussi bien que les fourmis fainéantes et
cruelles qui les réduisent à l'abject rôle d'esclave et de
bêtes d'un ordre inférieur et dégradé. Je pense cependant, pour l'honneur des insectes en général et des
fourmis en particulier, que l'observateur qui vient de
rendre compte de cette découverte se sera trompé.

Si Dieu a dit aux hommes : « Aimez-vous les uns les
autres, et ne faites jamais à autrui ce que vous ne vou-
driez pas qui vous fût fait, » il a dû faire la même recommandation aux fourmis.

En attendant, que de réflexions ne devons-nous pas

faire, lorsque nous observons les choses étonnantes qui s'accomplissent au milieu des bêtes, depuis les plus grosses jusqu'aux plus imperceptibles !

De tout ce que nous avons dit de la fourmi, il résulte, que ce petit insecte possède, avec de grandes vertus intimes, plusieurs défauts de lèse-bonté ; pourtant, nous ne saurions la blâmer d'avoir l'amour du foyer et de la patrie. Tant d'autres bêtes se font un mérite de l'abandon de ces principes sacrés, que nous sommes heureux de les retrouver quelque part. Seulement, comme l'exagération en tout est une mauvaise chose, nous réprouvons, chez ces petits animaux, l'inhospitalité, surtout à l'endroit des autres fourmis. Car si les hommes sont frères sur toute la terre, bien sûr les fourmis doivent être sœurs, et, par contre, tout en ne faisant point le sacrifice de leurs instincts nationaux, elles devraient au moins pratiquer la charité selon la mesure de leurs forces.

LA PIE.

La pie est un oiseau de moyenne grosseur, au plumage verdâtre, noir et blanc, qui vit à peu près dans tous les climats, sous toutes les latitudes.

Cet oiseau se prive facilement, et devient d'une familiarité souvent gênante : il apprend sans difficulté à parler, et son babil est parfois divertissant ; pourtant c'est un commensal dont il faut se défier sous tous les rapports. La pie est gourmande, portée au vol, à la duplicité, et cherche sans cesse à tourmenter les autres hôtes du logis ; elle attaque tout le monde et tient tête à tous ;

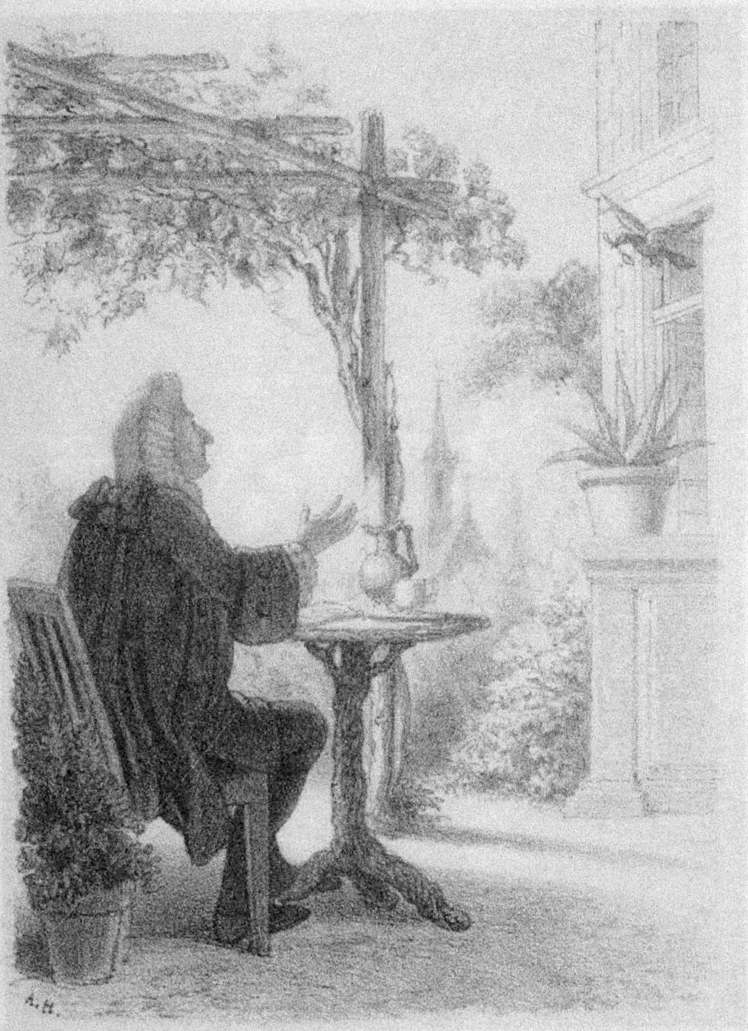

A. Hadamard del. et lith.

Imp. Bodard Paris.

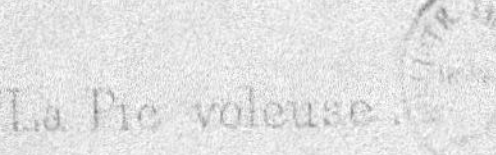

La Pie voleuse.

elle ne craint ni le chien ni le chat, souvent même elle les éborgne, puis saute sur un meuble et se met à pousser des éclats de rire comme si elle venait de faire quelque chose de drôle.

La pie est le type des mauvais caractères, des sots, des orgueilleux et des bavards ; elle ne s'occupe que d'elle et cherche noise à tout le reste de l'humanité ; elle se croit superbe, pleine d'esprit et de vertus.

Au fond, la pie n'est qu'une voleuse, une gourmande, une menteuse et une affreuse babillarde. Comme généralement on la nomme Margot, c'est le mot qu'elle apprend le mieux pour le répéter sans cesse : « Elle est gentille, Margot ! — Elle aime bien le biscuit, Margot ! — Margot, as-tu déjeuné ? » tel est le refrain que cette bête insidieuse ne cesse de faire entendre.

Comme preuve à l'appui de notre opinion sur les pies, en général, nous dirons deux mots d'un fait qui a marqué dans nos fastes judiciaires, et a donné lieu à une foule de drames et même d'opéras :

Annette était une fille laborieuse, pleine de bons sentiments ; mais elle avait la faiblesse de détester les pies, sans doute à cause du pressentiment que la pauvre fille avait de la terrible catastrophe que devait lui attirer un de ces animaux.

Annette, jeune soubrette alerte et gentille, avait trouvé une bonne place dans une excellente maison de Palaiseau, bourg à quelques lieues de Versailles, renommé pour son commerce de foin. Elle était en condition chez le bailli ; mais, malheureusement, le magistrat villageois avait la manie d'avoir toujours chez lui une pie, sans doute parce qu'il lui apprenait à prononcer en public : « Monsieur le bailli, vous êtes un juge intègre, » ou : «Monsieur le bailli, votre rôt est excellent, » ce que la pie bavarde répétait à satiété , et ce qui n'était pas sans causer une satisfaction à l'excellent homme.

Annette aurait bien voulu quitter sa place pour en chercher une autre, où elle n'aurait plus eu la société d'une Margot antipathique. Cependant la pauvre fille n'osait se retirer pour une cause si futile, et puis, sauf le désagrément d'entendre les méchants propos de Margot, elle était bien dans cette maison, et elle se résolut d'y rester et de refouler sa répugnance pour la bête babillarde. Il y avait déjà un bout de temps qu'elle était chez le bailli, lorsqu'elle crut s'apercevoir que ses maitres la surveillaient, et que, lorsqu'il y avait quelque chose de mal fait ou de perdu au logis, la pie, comme un écho caché, répétait, chaque fois que l'on demandait : « Qui a fait cela? — C'est Annette ; oui, c'est Annette, criait-elle aussitôt. — Qui a cassé cette vaissaille? — C'est Annette. — Qui a mangé ce reste de faisan? — C'est Annette. — Qui a dérobé des friandises? — C'est Annette, toujours Annette. » Enfin la pie n'avait, du matin au soir, qu'un cri accusateur contre la malheureuse servante, qui commençait à se troubler devant ces calomnies réitérées de la mauvaise bête. Il faut dire aussi qu'il est probable que, dans le tête-à-tête, Annette octroyait quelque correction à son impitoyable ennemi ; pourtant, ce n'était pas un motif pour que le méchant oiseau la poursuivît ainsi.

Un jour, plusieurs pièces d'argenterie disparurent ; l'on chercha partout sans les retrouver, et, le soir, l'affreuse pie répétait encore son refrain habituel, lorsque l'on vint à demander : « Qui donc a pu soustraire cela? — C'est Annette, c'est Annette. »

A quelque temps de là, d'autres objets précieux

furent encore enlevés sans que l'on pût se douter qui
avait fait ces détournements, et cependant l'abominable Margot ne cessait de répéter : « C'est Annette ; fi !
la voleuse ! » Le bailli, honnête homme mais crédule,
voulut essayer de découvrir l'auteur des vols dont il
était la victime : la pauvre Annette, interrogée par lui
sur l'accusation portée par la pie, balbutia, rougit, se
troubla, et finit par pleurer, sans donner d'explication ;
alors le bailli, persuadé que les dires de Margot étaient
fondés, fit arrêter la pauvre servante, qui fut jugée et
condamnée, comme convaincue de vol domestique, à
être pendue sur la place de Palaiseau.

L'infortunée jeune fille, malgré ses protestations
d'innocence, fut exécutée sans miséricorde.

Il y avait à peine quelques mois que la malheureuse
Annette était morte comme une criminelle, lorsqu'un
jour le bailli s'aperçut qu'il lui manquait encore de
nouvelles pièces d'argenterie et divers bijoux. Le bailli
de Palaiseau, bien que cultivant ses foins et en con-
sommant pas mal pour son commerce, ne put mettre
ces nouveaux larcins sur le compte de son ancienne
domestique qu'il avait fait pendre, et, malgré les accu-
sations de la pie, qui répétait encore son ancien refrain :
« C'est Annette ! » le magistrat ne put se persuader
qu'Annette fût assez indélicate pour franchir les limites
de la tombe afin de se procurer le plaisir de le voler. Il se
promit d'éclaircir cette affaire avec toute la judiciaire
qui le caractérisait. Un beau matin, qu'il venait de déjeuner sous un berceau de son jardin, il réfléchissait
aux étonnantes disparitions de son argenterie (un bailli
pouvait bien réfléchir un peu), lorsqu'il vit tout à coup la
pie Margot s'emparer d'une fourchette, prendre son vol
et entrer dans un trou du clocher. Surpris, confondu, le

magistrat de Palaiseau appela aussitôt ses chers administrés à son aide ; l'on grimpa jusqu'à l'ouverture où la pie était entrée, et l'on trouva en cet endroit tous les objets dérobés chez le bailli, y compris ceux dont la disparition avait été cause de la mort de l'innocente Annette. Il était évident que la servante n'avait pu grimper dans le clocher pour y cacher le fruit de ses vols. Alors chacun reconnut l'innocence de la pauvre Annette : l'on révisa son procès, l'on réhabilita sa mémoire ; mais, hélas ! on ne la ressuscita pas, et les juges de Palaiseau continuèrent sans remords, ou peut-être avec des remords, à consommer une grande quantité de foin dans leurs affaires. Quant à la pie coupable, elle fut jugée et condamnée à son tour ; mais, ma foi ! comme la méchante bête se doutait de quelque chose, elle se garda bien de descendre du clocher, où personne ne se risqua à aller la chercher. Seulement, bien souvent, on l'entendait répéter, à la grande confusion du bailli et de ses cojugeurs : « C'est Annette ! c'est Annette, la voleuse ! » Depuis ce temps, les juges de Palaiseau continuèrent à cultiver leurs foins, au moins c'est le *Dictionnaire encyclopédique* qui le dit, mais ils ne condamnèrent plus personne sur la déposition d'une pie.

Ne jugez jamais sur les apparences ; et lorsqu'il s'agit de porter une décision dernière sur un acte dont les preuves ne sont ni palpables, ni bien certaines, regardez-y à plusieurs fois avant de porter votre jugement ; et encore il faudrait mieux vous abstenir, dans la crainte d'avoir plus tard à déplorer une erreur qu'il ne serait plus possible de réparer : l'histoire de la servante de Palaiseau, de Lesurques et de tant d'autres, sont des enseignements trop tristes pour ne pas appeler toute notre attention.

LE COUCOU INDICATEUR.

Parmi les choses curieuses de la nature, nous ne devons pas oublier le singulier instinct d'un petit oiseau, qui montre une étonnante intelligence pour se procurer des complices dans les expéditions qu'il médite pour satisfaire sa gourmandise.

Aux environs de la ville du cap de Bonne-Espérance, il existe un petit oiseau au plumage d'un gris foncé, de la grosseur d'un sansonnet, qui est surtout atteint d'un désir insatiable de se régaler de miel. Ce volatil est un petit gourmand qui se trouve bien souvent déçu dans ses aspirations à consommer les provisions des abeilles. Il n'est pas toujours facile et sans péril d'approcher des ruches des mouches sauvages : ces insectes sont vaillants et défendent leur propriété avec courage, et puis ils ont soin de choisir le lieu où ils habitent et de le rendre d'un accès difficile. Aussi notre amateur de sucrerie courrait-il gros risque de mourir de désespoir et de faim, s'il était réduit à ses seules ressources pour se procurer le doux miel qui fait le tourment de sa vie; mais, en oiseau intelligent et rusé, il exploite la gourmandise des autres pour satisfaire la sienne.

Les nègres et les singes sont très-friands des rayons de miel que produisent les abeilles sauvages, et presque toujours ils sont à l'affût des endroits qui recèlent ces douceurs si enviées; mais, hélas! ils resteraient souvent fort longtemps sans satisfaire leurs goûts, car les abeilles, comprenant le danger, ont soin de se réfugier dans les forêts, et de placer leur nid dans le creux d'arbres touffus, où il est assez difficile de les découvrir.

L'oiseau seul, en voltigeant de branche en branche, en épiant le vol de ces insectes, parvient à connaître leur retraite : ce qui ne l'avance guère, vu qu'il ne peut s'y introduire, le passage étant trop étroit. Alors, que fait notre espion désappointé, lorsqu'il a découvert une ruche? Il parcourt la forêt en tous sens, battant de l'aile et poussant un singulier petit cri, qui semble dire : « Venez, venez, j'ai découvert un trésor. » S'il a le bonheur de rencontrer des hommes, il les invite par ses cris à le suivre, et alors soyez sûr qu'il ne se trompera pas de route ; le délateur conduit ceux qu'il pense plus forts et plus adroits que lui vers le nid des abeilles, et, se posant sur une branche voisine, il attend que ceux qu'il a associés à sa mauvaise action récompensent son zèle. S'il ne trouve pas d'êtres humains, il s'adresse aux singes; mais, hélas! ceux-ci sont souvent ingrats et s'adjugent la totalité de la découverte du coucou, qui alors, honteux et confus, se retire tout penaud, en regrettant l'inutilité de sa ruse et de sa délation.

Celui qui vit aux dépens d'autrui se trouve souvent dans la position du coucou indicateur. Il vaut bien mieux vivre du fruit de son travail, que d'être sans cesse en butte à l'ingratitude de plus méchant que soi et aux remords de notre conscience.

LE CHEVAL BAYARD.

Qui ne connaît l'histoire, plus ou moins véridique, des quatre fils d'Aymon et de leur cousin Maugis, l'un des enchanteurs les plus illustres après le grand Merlin.

Les fils d'Aymon avaient encouru l'inimitié du grand Charlemagne, qui était fort irrité contre eux, et voulait à toute force leur infliger une punition, surtout depuis qu'il avait appris que ces chevaliers avaient fortifié la ville de Montauban sans sa permission. Il fut les assiéger dans cette forteresse avec une puissante armée. C'en était fait des quatre frères, sans les enchantements de leur cousin Maugis qui veillait sur eux, et se servait de sa puissance surnaturelle pour leur venir en aide et les soutenir de tout son pouvoir.

A cet effet, Maugis leur avait procuré le plus fier destrier dont on eût jamais entendu parler.

Ce cheval s'appelait Bayard, sans doute en l'honneur du plus magnanime des preux, traîtreusement mis à mort par les abominables Sarrasins, dans les défilés de Roncevaux, au milieu des Pyrénées.

Le cheval Bayard n'était pas un cheval ordinaire. Son intelligence était sans exemple parmi les chevaux, et il avait la faculté de s'allonger selon le nombre de cavaliers qui montaient sur son dos. Sa force était si prodigieuse, que les quatre fils d'Aymon s'y tenaient facilement tous ensemble, et même assez souvent en compagnie du cousin Maugis.

La rapidité du cheval Bayard était sans égale, et plus d'une fois les quatre frères jouèrent de bien mauvais tours aux chevaliers de Charlemagne, sans que ce monarque pût jamais en tirer vengeance ; il est vrai que le nécroman Maugis rendait l'animal et ceux qui le montaient invisibles à tous les regards. Mais comme l'histoire des quatre fils d'Aymon n'entre point dans notre cadre, nous dirons seulement qu'après avoir guerroyé, avec des chances diverses, contre les paladins de Charlemagne, les quatre frères, conseillés par leur cousin, firent la paix avec le souverain de l'Occident. Maugis alors, ne voulant pas que le cheval Bayard fût employé à des faits d'armes indignes de son immortalité, lui donna la liberté dans la forêt des Ardennes, et lui commanda de rester dans cette solitude jusqu'à ce qu'un guerrier digne de lui vînt le chercher dans cet asile. Depuis cette époque, il n'y a guère que huit cents ans de cela, le cheval Bayard vit à l'état sauvage au milieu des forêts, et les bûcherons rapportent qu'ils ont toujours été avertis de l'approche de quelque grande guerre par les hennissements formidables du destrier des quatre fils d'Aymon, qu'ils n'ont jamais entrevu, il est vrai, qu'à travers des flammes et une épaisse fumée qui l'environnaient.

Le cheval Bayard attend toujours un preux, sans peur et sans reproche, digne de le conduire sur les champs de bataille.

⁓⊹⁓

LA BÊTE DU GÉVAUDAN.

Vers la fin du siècle dernier, la province connue en France sous le nom de Grésilvaudan fut ravagée par un animal des plus cruels et des plus féroces.

Pendant plusieurs années, les populations de cette province furent continuellement sous le coup de la plus grande frayeur, et les villages et les fermes furent ravagés d'une manière incroyable.

Les habitants, superstitieux, mirent tous les méfaits qui se commettaient sans relâche autour d'eux sur le compte d'un dragon surnaturel. Le portrait qu'ils en faisaient était des plus épouvantables : les uns prétendaient que c'était un animal plus gros qu'un bœuf, ayant une tête de cheval, des dents longues et aiguës, des pieds fourchus avec nombre de griffes des plus acérées.

D'autres assuraient qu'il avait quarante-huit pattes, plusieurs têtes de chien, une queue en fer de lance et des écailles sur le dos ; enfin tout le monde, soi-disant, avait vu le monstre, mais personne ne s'accordait sur sa tournure. Ce qu'il y avait de plus certain, c'est que les troupeaux étaient décimés, les génisses enlevées, les vaches et quelquefois les chevaux étranglés, et même plusieurs enfants et plusieurs jeunes filles avaient disparu victimes de la férocité du monstre inconnu.

Plusieurs chasseurs intrépides avaient essayé, à plusieurs reprises, de rencontrer la cruelle bête, mais inutilement. Des soldats même avaient été envoyés dans les hameaux du Grésilvaudan, tant pour rassurer les paysans, terrifiés sous le coup d'une panique incroyable, que pour concourir à exterminer l'animal qui ravageait le pays. Rien ne put arrêter les cruelles exécutions du monstre, qui restait invisible ; enfin, au bout de trois ou quatre années, on avait tué tant de loups, de renards et de chats sauvages, que les déprédations commençaient à diminuer, lorsqu'un jour un chasseur tua un loup-cervier de la plus grande espèce, animal peu connu dans ces

contrées. Depuis ce temps les campagnes du Grésilvaudan rentrèrent dans le calme, et les paysans sortirent
de chez eux le soir sans trop de frayeur.

Sans doute que le loup-cervier était l'un des plus ac-
tifs instruments de désolation de la contrée ; mais il est
certain que bon nombre d'autres animaux carnassiers, sans compter certains larrons, toujours prêts à
s'associer à tous les méfaits, concoururent à grossir la
réputation de la *Bête du Gévaudan*, sous le nom de laquelle ils se livrèrent à maints exploits.

LA BICHE DE GENEVIÈVE DE BRABANT.

Qui ne connaît la touchante et véridique histoire de
la pauvre Geneviève de Brabant et de sa biche, si souvent chantée dans des complaintes larmoyantes. Pourtant nous croyons devoir en dire deux mots pour
l'honneur des bêtes en général et de la biche en particulier.

Une généreuse princesse, pleine de vertus et de grâce,
ayant mis au monde une charmante petite fille, fut
exposée à toutes les horreurs de la plus affreuse misère,
avec son enfant, dans la forêt des Ardennes, par ordre
d'un époux barbare et sans entrailles. La pauvre jeune
femme allait périr avec son nourrisson dans l'affreux
désert, où de cruels sicaires l'avaient conduite, lorsqu'une biche, pleine de bons sentiments et pourvue d'un
excellent lait, vint tout à coup à son secours. Grâce à
la charité de la biche, la princesse Geneviève et sa fille

purent vivre sept ans au milieu des horreurs de la solitude et de la misère.

Déjà sept affreux hivers s'étaient succédé, depuis
l'abandon de Geneviève, lorsqu'un jour, que la biche
s'était écartée de sa protégée, la forêt retentit tout à
coup des aboiements des meutes et du bruit des cors
de chasse. Bientôt la pauvre biche, poursuivie par des
chiens féroces, se précipita dans la grotte où Geneviève
et sa fille priaient Dieu en ce moment. La pauvre bête
était grièvement blessée; plusieurs lévriers la suivaient
et allaient la mettre en pièces, lorsque Geneviève se jeta
au-devant de sa bienfaitrice et les écarta, au risque
d'être dévorée elle-même. En ce moment apparut un
chasseur qui suivait les limiers, et qui ne fut pas peu
surpris de se trouver en présence d'une femme jeune
encore, qui cachait sa nudité au milieu d'une forêt de
cheveux et d'un costume de feuillage. Ce chasseur, qui
était un des officiers du prince de Brabant, se recula
tout étonné, et, rappelant ses chiens, s'en retourna
tout intrigué de cette découverte. Bientôt il retrouva
son seigneur, auquel il fit part de l'étrange rencontre
qu'il venait de faire. Aussitôt le prince de Brabant,
poussé par une force cachée, vint à son tour vers la
grotte, où il fut bien surpris de trouver une pauvre créature avec une petite fille et une biche, qu'elle couvrait
de ses baisers et de ses larmes.

Le prince, après plusieurs questions adressées à ces
infortunés, manqua tomber à la renverse en reconnaissant, dans la pauvre jeune femme abandonnée, l'é-
pouse qu'il avait sacrifiée à une injuste jalousie et dont
depuis il avait reconnu l'innocence. Il s'empressa de
faire des excuses à sa victime, qui lui pardonna les
tristes instants qu'elle avait passés dans la forêt en faveur

de son repentir. Geneviève et sa fille montèrent en croupe du prince de Brabant, qui, heureux de cette rencontre, s'empressa de conduire son épouse bien-aimée au milieu de ses peuples, qui remercièrent avec lui le Tout—Puissant de leur avoir conservé si miraculeusement leur chère princesse, son rejeton et la biche bienfaisante, qui avait suivi Geneviève.

Ceci prouve que tôt ou tard l'innocence est reconnue et la vertu récompensée.

LA LOUTRE DU ROI DE POLOGNE.

La loutre est un animal des plus sauvages, qui vit sur la terre et dans l'eau, faisant une grande consommation de poisson. Nous n'aurions pas parlé de cet animal très-peu extraordinaire, s'il ne s'était pas présenté l'un de ces faits qui démontrent combien l'homme a d'influence et de pouvoir sur tous les autres êtres de la création.

Malgré le caractère intraitable de la loutre, un roi de Pologne parvint à en élever une, et à se l'attacher tellement, que les sots et les crédules prétendaient qu'il était sorcier. Il y avait, en effet, quelque chose de singulier dans l'affection de cet animal insociable pour son maître : cette bête couchait sur le lit du roi, et faisait tout ce qu'il lui commandait. Chaque jour le prince s'en allait sur le bord des étangs et des rivières avec sa loutre, la lâchait, en lui recommandant de lui rapporter tel ou tel poisson ; quelques instants après, l'on était sûr de voir revenir l'animal avec le poisson demandé ; puis la pêche continuait avec un succès toujours assuré. Le roi pensa mourir de chagrin lorsqu'il perdit sa loutre chérie, qui périt, je crois, d'indigestion.

SAINT ROCH ET SON CHIEN.

Saint Roch, comme tous les bons cœurs, comme tous les grands esprits, eut des envieux et des ennemis. Obligé de fuir une société pour laquelle il avait tout sacrifié, forcé de se cacher pour éviter les persécutions, il se réfugia, dit-on, dans la forêt d'Orléans.

Le pieux ministre de Dieu, qui n'avait cessé de rendre des services à ses semblables et de pratiquer la charité, se trouva seul et abandonné au jour de sa disgrâce. Ceux qu'il avait obligés, ceux qu'il avait servis, le reniaient ou le laissaient dans l'abandon. Retiré dans la plus aride solitude, il priait Dieu, en lui exposant le délaissement dans lequel il se trouvait, lorsqu'un aboiement se fit entendre derrière lui : c'était son chien fidèle qui l'avait suivi dans sa retraite et qui semblait protester contre ses paroles. Le saint homme reconnaissant de suite son injustice, puisqu'il avait conservé un ami sur la fidélité duquel il pouvait compter, rendit grâces à Dieu et ne se plaignit plus.

L'on dit que saint Roch serait mort de faim sans le secours de son chien, qui s'était chargé de fournir sa frugale cuisine des choses indispensables à la vie. Depuis, saint Roch, étant retourné parmi les hommes, qui s'étaient repentis d'avoir été injustes envers lui, ne voulut jamais se séparer de son fidèle ami, qui le suivait partout, même à l'église, où il était plein de recueillement.

Aussi disait-on, chaque fois que l'on apercevait le bon pasteur : « Voici saint Roch ; mais bien sûr voici son chien. » Et, depuis, l'on a toujours dit de deux individus qui sont continuellement ensemble : « Ils sont comme saint Roch et son chien. »

L'ARAIGNÉE DE PÉLISSON.

Tout le monde connaît la captivité du savant Pélisson. L'attachement qu'il montra au surintendant Fouquet, lors de la disgrâce de ce grand seigneur, duquel il avait reçu des bienfaits, fut la seule cause du long emprisonnement qu'il subit.

Pélisson, renfermé à la Bastille parce qu'il ne voulut jamais ni trahir les secrets de son bienfaiteur, ni se montrer, comme tant d'autres, ingrat envers lui, était soumis à l'isolement le plus complet et à la plus rigoureuse captivité. Ne sachant comment employer son temps, il essayait de se distraire en faisant un peu de musique. L'homme, réduit à la solitude, devient observateur et sensible à tout ce qui peut l'intéresser : Pélisson remarqua que, pendant les rares instants où il faisait de la musique, une grosse araignée qui avait filé sa toile dans un coin de son cachot s'approchait peu à peu de lui, attirée par l'effet de l'harmonie ; aussitôt qu'il cessait, l'araignée dilettante se retirait au plus vite.

Peu à peu Pélisson prit intérêt aux émotions de sa compagne de captivité, et bientôt la plus affectueuse intimité sembla s'établir entre l'homme et l'insecte.

Un jour où le geôlier visitait le prisonnier, il l'aperçut donnant à son araignée des marques de sa sollicitude : il n'en fallut pas plus au cruel instrument de la tyrannie pour éveiller sa susceptibilité. Furieux de voir son prisonnier trouver une distraction dans la compagnie de l'innocente bête, il se jeta dessus et l'écrasa sous son pied.

Pélisson, cette fois, laissa jaillir une larme sous sa paupière ; plus sensible, en cette circonstance, que lorsqu'il s'était agi de sa propre existence, il tomba malade, et fut près de mourir de chagrin d'avoir vu la férocité de l'homme poussée dans ses dernières limites.

Tant il est vrai que, quelquefois, les plus hideux insectes peuvent s'humaniser plus facilement que certains mauvais caractères !

LA LOUVE DE RÉMUS ET DE ROMULUS.

Comme chacun sait, les fondateurs de la puissante Rome descendaient, en ligne directe, d'une bête ; ou plutôt nous devons dire que les deux chefs qui réunirent sous leurs ordres une troupe de bandits qui fondèrent la ville éternelle, furent nourris et élevés par une louve.

Une femme, du nom de Rhéa, ayant mis au monde

deux enfants jumeaux, cette femme fut forcée par un parent, aussi mauvais cœur qu'il était puissant, de se défaire de ces deux pauvres petits êtres. Ce fut un berger qui reçut l'ordre cruel de faire mourir les deux innocents : cet homme, ne voulant pas faire périr lui-même ces victimes, les mit dans un panier, et fut les porter dans un endroit où vivaient pas mal de loups, pensant que ces animaux lui éviteraient le déplaisir de se faire bourreau.

Malheureusement pour les projets du mauvais parent, qui avait compté sur la mort de Rémus et de Romulus, il se trouva une louve douée d'un cœur sensible. Des chasseurs lui avaient arraché ses petits : elle voulut se venger noblement, et se mit à élever de son lait les deux jeunes brigands qui devaient s'illustrer un jour. Moins féroce qu'un méchant avare et plus humaine qu'une mère sans entrailles, cette nourrice d'un nouveau genre prit tant soin de ses nourrissons, qu'à l'âge de quatre ans ils étaient forts et vigoureux, et que, quelque temps après, ils faisaient payer de sa vie, à leur persécuteur, l'affreuse idée qu'il avait eue de se débarrasser d'eux.

Mais comme, dans ce livre, nous ne devons nous occuper que des bêtes, nous ne raconterons pas les prouesses des deux jumeaux, après qu'ils eurent cherché noise à leur impitoyable persécuteur ; seulement nous dirons que les jeunes gens, élevés comme des loups, se passionnèrent pour la chasse et détruisirent quantité de gibier, et qu'il ne serait pas impossible qu'ils eussent mangé, un jour de gala, leur mère adoptive sans la reconnaître. Mais les Romains, plus tard, ayant mis Romulus au nombre de leurs dieux, sans se préoccuper beaucoup de Rémus, son frère, ne purent s'empêcher de placer la louve charitable dans la première place de leur calendrier.

LES RATS DE LATUDE.

L'histoire de Latude, de l'homme qui resta quarante années enfermé dans les cachots les plus infects pour des actes futiles, qui plusieurs fois accomplit des évasions qui tiennent du prodige, est assez connue pour que nous n'ayons pas besoin de la raconter, et puis elle n'entre pas dans notre sujet ; mais ce qui nous intéresse, dans l'histoire de cet infortuné, c'est le fait de sa liaison avec les rats dont son cachot était rempli.

Latude était enchaîné par les quatre membres dans son cabanon ; des milliers de rats le tourmentaient de leurs morsures, et d'un moment à l'autre pouvaient le dévorer pendant son sommeil. Que fit l'industrieux et intelligent prisonnier? Il entreprit de civiliser quelques-uns des hôtes immondes qui hantaient le trou noir où il était confiné. Il y réussit, et bientôt il put compter sur l'amitié de sept à huit rats de la plus forte taille, qu'il était parvenu à s'attacher par son inaltérable patience. Alors il put dormir en paix ; car, lorsqu'il sommeillait, ses rats favoris lui servaient de gardiens, et malheur aux autres individus de cette race qui osaient venir troubler son repos, ils étaient aussitôt poursuivis, chassés, mordus, et ne revenaient plus.

Que dire de l'homme ingénieux et assez patient pour accomplir une pareille tâche, et que penser de ces petits animaux, considérés comme des bêtes immondes, qui se laissèrent apprivoiser par un homme si souvent l'ennemi de leur race ?

Les étonnants secrets de la nature sont bien faits pour nous faire sans cesse réfléchir et comprendre combien Dieu a donné de puissance à l'homme sur les autres êtres de la création, puissance dont souvent il fait un si mauvais usage !

LA GARGOUILLE.

Vers l'an 627, la ville de Rouen fut affligée d'un fléau des plus extraordinaires : toutes les nuits, des femmes, des enfants et des vieillards, voyageurs attardés ou habitants paisibles regagnant leurs logis, étaient attaqués par un dragon épouvantable qui les poursuivait et en avait emporté plusieurs dans son repaire.

Les pauvres gens qui avaient pu échapper aux atteintes de l'affreuse bête en faisaient un portrait si horrible, que les cheveux se dressaient sur la tête de ceux qui écoutaient ces récits, rien que d'y songer.

« Le monstre, disaient-ils, est long de plus de 50 pieds, gros comme une barque ; il a une tête énorme, avec de grands yeux flamboyants, une gueule rouge et sanglante, d'où s'échappent des flammes bleues et jaunes et des vapeurs empoisonnées ; il a des ailes de chauve-souris et des pattes de canard ; rien n'est plus hideux, et sa férocité est inimaginable. Ce qu'il préfère, surtout, ce sont les petits enfants et les jeunes filles. Oh ! le monstre !... » Tel était le tableau que les bonnes gens de Rouen faisaient d'un dragon qui ravageait leur ville, et auquel ils avaient donné le nom de la Gargouille.

La redoutable bête avait établi son domicile dans le quartier Martainville, près des anciens fossés de la cité, au milieu d'une espèce de marécage formé par les débordements des rivières d'Orbec et de Robec ; d'autres disent dans la forêt de Rouvray.

Déjà plusieurs preux chevaliers avaient tenté de débarrasser la bonne ville de Rouen de la terrible Gargouille ; mais, hélas ! tous ils avaient succombé dans leur expédition, et depuis longtemps déjà aucun guerrier n'osait plus se risquer vers le lieu où vivait la bête, malgré ses continuels méfaits.

Le bon évêque Romain pensa que la puissance divine viendrait plus facilement à bout de l'atroce Gargouille que tous les chevaliers de l'Occident, et il annonça qu'il était résolu à se transporter le dimanche, à l'issue de la messe, jusqu'au repaire du monstre, pour l'enchaîner au nom du Tout-Puissant ; seulement il demanda qu'une personne de bonne volonté voulût bien l'assister dans ce périlleux voyage. A cette proposition, tous ceux qui étaient présents se prirent à trembler, et personne ne voulut se risquer dans une si périlleuse aventure, tant la frayeur était grande.

Alors le saint évêque s'adressa aux prisonniers, pensant que quelques-uns d'entre eux voudraient racheter leurs péchés en se dévouant dans l'intérêt de leurs semblables. Deux de ces pécheurs voulurent bien courir les chances de la périlleuse entreprise : c'était un meurtrier qui avait tué un de ses camarades dans un accès d'ivresse et de colère, et un méchant larron, coupeur de bourses assez peu chrétien. Le prélat les accepta, pensant que tout cœur repentant et dévoué devait trouver grâce devant le Seigneur. Le dimanche venu, l'évêque Romain, couvert de ses habits pontificaux, portant pour toute arme sa crosse d'une main et la sainte hostie de l'autre, se dirigea vers le repaire du monstre, suivi des prisonniers, qui portaient l'un l'étole, l'autre la chasuble du prélat. Les bonnes gens de Rouen voulurent d'abord s'opposer au départ de leur évêque, qu'ils considéraient comme perdu dans cette lutte ; mais il passa outre, malgré leurs prières et leurs larmes. Bientôt il fut en présence de la cruelle bête, qui, le matin même, avait dévoré plusieurs petits enfants imprudents et désobéissants qui s'étaient aventurés dans les endroits qu'elle fréquentait, malgré les recommandations de leurs parents.

Le monstre, à l'aspect du prélat, se mit à pousser des rugissements effroyables, et à s'avancer de toute la vitesse de ses pattes pour le terrasser. L'assassin eut un mouvement de frayeur, pourtant il ne se sauva pas et se contenta de chercher un refuge derrière le saint prélat ; mais le voleur prit la fuite, emportant la riche chasuble de l'évêque ; saint Romain, à l'approche du terrible monstre, se contenta de le frapper avec sa crosse. Alors, miracle des plus grands ! la bête féroce poussa comme un soupir, s'aplatit sur le sol et sembla demander grâce. Saint Romain ordonna au meurtrier de lui jeter une corde autour du cou. Aussitôt l'animal attaché, il reprit sa marche vers la cathédrale, conduisant l'affreux dragon, qui le suivait sans aucune résistance. Arrivé aux portes de l'église, au milieu d'une multitude de peuple ébahi qui ne cessait de crier : « Noël ! noël ! Miracle ! miracle ! » la bête poussa un gémissement plaintif, se gonfla et fit explosion comme une bombe. C'est ainsi que la bonne ville de Rouen fut débarrassée du monstre qui avait fait tant de ravages, et auquel l'on avait donné le nom de Gargouille, à cause sans doute du lieu où il se retirait quelquefois, situé dans les anciens fossés de la ville, en un endroit où il y avait un trou qui portait ce nom.

Le meurtrier, comme on le pense bien, eut, non-seulement sa grâce, mais encore le saint évêque obtint des magistrats normands, qu'en considération du courage et du dévouement de cet homme, chaque année un prisonnier serait délivré en souvenir de cette action. Quant au mauvais larron, si indigne dans sa conduite, il périt misérablement quelques temps après, au moment où il finissait de dépenser l'argent qu'il avait tiré de la vente de la chasuble qu'il avait volée.

La Gargouille, morte, fut empaillée, et pendant très-longtemps, tous les ans, l'on fit une procession où l'on promenait les restes de la bête ; un prisonnier, portant la châsse de saint Romain, nommée aussi Fierte, était conduit au parvis des halles, où il recevait sa grâce. Cet usage a existé jusqu'à la révolution ; quant à la peau de la Gargouille, elle a disparu pendant la Terreur.

C'est ainsi que les chroniqueurs nous racontent l'histoire de la célèbre Gargouille. Cependant certains érudits ont mis en doute l'histoire du prétendu dragon terrassé par saint Romain : ils prétendent que le miracle de la Gargouille, attribué au saint évêque de Rouen, doit être autrement interprété :

« Pendant que Romain, disent-ils, était à la cour du roi Dagobert, il apprit qu'une terrible inondation désolait la métropole de son diocèse et menaçait de tout détruire. Il s'empressa d'accourir, et reconnut qu'en effet les eaux du fleuve étaient débordées et s'avançaient toujours furieuses. Alors il se revêtit de ses habits pontificaux, prit entre ses mains le saint ciboire contenant l'hostie sacrée, et il s'avança vers les flots furieux. Tout à coup la tempête se calma, les eaux s'arrêtèrent et se retirèrent peu à peu à travers un trou nommé gargouille, pratiqué dans les anciennes murailles de la ville. »

Pourtant plusieurs historiens affirment avoir vu la peau de la Gargouille suspendue au mur de la basilique. Quant à nous, nous ne pouvons en dire autant : laissons cette question à décider aux personnes que cela peut intéresser.

—◆—

LA TARASQUE.

Il n'y a pas encore bien des années que l'on célébrait, à Tarascon, ville de la Provence, située sur les bords du Rhône, une cérémonie des plus singulières.

Tous les ans, à une certaine époque, les habitants se rassemblaient et promenaient en grande pompe, avec des danses, des chants et de la musique, un colossal dragon empaillé. Les réjouissances duraient quelquefois plusieurs jours au milieu d'un concours considérable de peuple.

Voici ce qui avait donné lieu à ces fêtes :

Vers le commencement de l'ère chrétienne, disent les chroniques, les habitants de Tarascon furent épouvantés par l'apparition subite d'un monstre effroyable qui avait établi son repaire sur les bords du Rhône, à une courte distance de la ville. Cette bête cruelle s'élançait sur les passants, faisait même des excursions, la nuit venue, jusqu'au milieu des faubourgs, s'emparait des habitants attardés ou des voyageurs imprudents et les dévorait sans miséricorde ; puis pendant le jour, cachée dans les roseaux qui bordent le fleuve, aussitôt qu'une barque paraissait sur les eaux, elle s'élançait à sa rencontre, faisait chavirer l'embarcation et s'emparait des malheureux qui la montaient.

La désolation la plus grande régnait dans la ville de Tarascon et dans les environs. Plusieurs guerriers intrépides avaient succombé en attaquant la bête dont on faisait le plus horrible portrait. La terreur était si grande, que l'on ne sortait plus de la cité ; les relations extérieures avaient cessé, le commerce était nul et la misère si grande, que bon nombre de pauvres gens étaient morts de faim et de frayeur.

En dernier lieu, tous les gens des environs de Tarascon avaient été forcés de se réfugier dans les murs de la cité avec leurs troupeaux et ce qu'ils avaient pu emporter de chez eux. Les portes de la ville avaient été fermées, des sentinelles placées sur les remparts pour veiller, jour et nuit, dans la crainte que la bête ne voulût s'introduire au milieu de la population.

Un jour que la famine faisait des ravages épouvantables parmi les habitants de Tarascon, que l'abomination de la désolation était partout, le soleil brillait à l'horizon, la campagne était superbe mais déserte, tout à coup une sentinelle avisa, dans le lointain, une pauvre femme qui s'avançait insoucieuse en longeant le chemin qui conduisait juste au repaire du monstre. A l'aspect de cette malheureuse créature, destinée certainement à servir de pâture à la bête cruelle, tous les habitants de Tarascon furent en larmes ; mais, chose des plus extraordinaires ! la voyageuse passa sans que le monstre donnât

le moindre signe de sa présence, et vint, au grand éba-
hissement de la population tarasconnaise, frapper à la
porte de la cité, qui lui fut ouverte incontinent. Aussitôt
entrée, cette étrangère, à l'air simple et bon, fut entourée de toutes parts et félicitée d'avoir échappé au
danger, et l'on s'empressa d'expliquer, à la nouvelle
arrivée, l'affreuse calamité à laquelle la population était
réduite depuis quelque temps.

— Quoi, dit-elle lorsqu'elle sut ce dont il s'agissait,
quoi, il ne s'est pas trouvé parmi vous une personne,
craignant Dieu et ayant foi en son assistance, qui soit
allée détruire cette bête féroce ?

— Hélas ! dirent tous les habitants, plusieurs hommes
courageux y sont allés et n'en sont pas revenus, et alors
nous avons fait des sacrifices à tous nos dieux, nous les
avons appelés à notre secours, mais ils sont restés sourds
à nos supplications.

— Oh ! dit l'étrangère, je sers et j'adore un Dieu que
vous ne connaissez pas encore, pauvres gens ; eh bien ! ce
Dieu auquel je crois, lui, n'est jamais ni sourd ni impitoyable aux larmes de ceux qui l'invoquent avec fer-
veur. Ce Dieu unique est fort, c'est celui que le Messie,
son Fils, qui est venu sur la terre il n'y a encore que
quelques années, nous a appris à connaître et à aimer ;
c'est celui que le Christ-Jésus nous a enseigné à bénir
et à implorer dans nos disgrâces. Si vous voulez croire en
lui, il vous assistera, soyez-en sûr.

Les habitants de Tarascon se regardèrent avec un sourire de pitié, et ils se retiraient, plaignant cette femme
qui avait l'air doux et bon d'être atteinte de folie et de
venir leur parler d'un Dieu inconnu et d'une puissance
qu'ils ne comprenaient pas.

— Restez, dit l'étrangère, restez, et ne me prenez

point pour une insensée, car, je vous le jure, le Fils de
l'Homme que j'ai vu et qui m'a enseigné à croire en lui
et en Dieu son Père, m'assistera pour gagner vos cœurs
à la foi nouvelle ; vous êtes abandonnés de vos fausses
idoles, dites-vous ? Eh bien ! je vais vous montrer la puissance de mon Dieu, à moi. Et aussitôt elle ordonna qu'on
lui ouvrit la porte de la cité ; elle se fit enseigner le
lieu où se tenait le monstre qui causait tant de frayeur,
et elle s'avança seule contre lui. Arrivée à quelques pas
du repaire de la bête, elle s'agenouilla, étendit ses bras
vers le ciel et se mit en prière. Aussitôt un hurlement formidable se fit entendre. Le dragon s'élança de sa retraite
pour dévorer l'imprudente qui osait le déranger ; mais
tout à coup, ô miracle ! la bête cruelle poussa un soupir, baissa la tête et s'avança, honteuse et suppliante,
vers cette faible créature qu'il lui aurait été si facile de
dévorer. Alors l'étrangère, après un signe sur sa poitrine, fit un lien avec de longues herbes, entoura le
cou de la bête, et revint triomphante aux portes de la
ville, suivie du monstre, qui ne cessait de faire entendre
des soupirs étouffés. A l'aspect de ce fait extraordinaire,
les habitants de Tarascon, groupés sur les remparts,
restèrent confondus et terrifiés.

— Ne craignez rien, dit l'étrangère, qui entra dans
la ville et s'achemina, suivie du dragon, vers un endroit
de la cité où s'élevait un temple dédié aux faux dieux ;
ne craignez rien, bonnes gens, répétait-elle à ceux qui
la suivaient, le Fils de l'Homme, le Sauveur du monde
a dit : « Si vous avez la foi, vous soulèverez des montagnes ; » et vous voyez la puissance de mon Dieu, ajouta-
t-elle en s'adressant aux principaux d'entre les habitants
groupés sous le péristyle. Voulez-vous reconnaitre et
vivre selon la loi de celui qui fait de pareilles miracles ?

Alors je vous débarrasserai à jamais du fléau qui a jeté tant de terreur parmi vous.

— Nous ferons selon vos désirs, dirent les habitants, car nous voyons bien que votre Dieu est le vrai souverain Seigneur des hommes.

Alors l'étrangère toucha du bout de son doigt la tête du monstre, qui expira incontinent en poussant un grand cri.

Les gens de Tarascon, émerveillés et pleins de respect, suivirent les sages avis de la sainte femme qui venait de les sauver, et ils devinrent tous chrétiens.

La bête, à laquelle l'on donna le nom de la *Tarasque*, fut empaillée et suspendue aux murs du temple, qui fut dédié au vrai Dieu, et chaque année l'on célébrait la délivrance miraculeuse de Tarascon par une procession, où l'on promenait la bête empaillée.

L'étrangère, qui venait de faire ce miracle, était tout simplement Marthe, sœur de Lazare et de Marie, exilée dans les Gaules.

Depuis ce temps les habitants de Tarascon honorèrent leur libératrice comme une sainte, et lui élevèrent une chapelle souterraine qui existe encore aujourd'hui.

LE DRAGON DE NIORT.

La ville de Niort fut aussi affligée de la présence d'un affreux dragon, qui faisait les plus grands ravages aux alentours de la cité.

Plusieurs hommes courageux avaient succombé sous

ses coups, et la terreur était si grande que personne n'osait plus l'attaquer, parce que l'on était persuadé que le souffle empoisonné du dragon suffisait seul pour faire périr tous ceux qui osaient s'approcher de lui.

Un soldat condamné à mort demanda la grâce de se dévouer pour essayer de débarrasser la ville de Niort de ce fléau. Cette permission lui fut accordée, comme bien on le pense, et on lui promit même sa grâce s'il parvenait à terrasser le monstre.

Le soldat se revêtit d'une armure solide et se couvrit le visage d'un masque pour échapper aux vapeurs empoisonnées du dragon. En cet état, il fut droit au repaire de la bête, qui s'élança sur lui ; le soldat courageux soutint la lutte et parvint à tuer l'animal. Mais, hélas ! après l'avoir terrassé, ayant voulu voir sans masque la figure de son adversaire, le malheureux tomba incontinent asphyxié sur le corps de son ennemi. Sa fatale curiosité lui avait coûté la vie.

La ville de Niort rendit sans doute des honneurs funèbres à ce malheureux, car l'on voyait encore il n'y a pas longtemps, dans le cimetière de cette ville, un mausolée avec cette épitaphe :

« A l'homme qui est mort par le souffle du serpent. »

Ceci prouve encore combien l'impatience et la curiosité sont deux vilains défauts ; car il est certain que si le vainqueur du dragon de Niort eût été moins pressé de satisfaire sa curiosité, il eût vécu honoré par ses concitoyens.

LE DRAGON DE LANDERNAU.

Saint Dorien, évêque, dompta aussi un affreux dragon qui désolait les environs de Landernau. Il fut droit à sa rencontre avec un enfant de chœur, mit son étole sur la tête du monstre, et ordonna à l'enfant de l'enchaîner avec la ceinture de son surplis. Alors le dragon suivit le saint évêque et l'enfant sans aucune difficulté.

Les gens de Landernau, plus oublieux que les citadins de Rouen, de Tarascon et de Niort, n'ont établi aucune fête commémorative de ce fait.

LE DRAGON DE RHODES.

L'île de Rhodes était désolée par un effroyable dragon qui se retirait au bord de la mer au milieu des marécages. Plusieurs preux chevaliers avaient été victimes de leur audace en voulant l'attaquer, et le grand maître avait ordonné de ne plus se risquer contre une bête si formidable. Seul, un chevalier nommé Gozon demanda la permission de livrer bataille au monstre, ce qui lui fut enfin accordé. Ce chevalier, aussi sage que brave, fit construire un dragon en carton à peu près semblable à celui qu'il s'agissait de combattre, afin d'habituer plusieurs chiens, qu'il voulait emmener avec lui dans cette entreprise, à ne point s'effrayer de l'aspect du monstre.

Le jour arrivé de mettre son projet à exécution, le chevalier, après avoir entendu l'office, se rendit suivi d'un simple page et de ses dogues sur le terrain où il comptait trouver le dragon. En effet, celui-ci n'eut pas plus tôt entendu venir ceux qui osaient l'attaquer, qu'il sortit de son repaire et s'élança sur eux. Le chevalier ne recula pas, malgré la terreur de son page à l'aspect de la redoutable bête, et il lança ses chiens courageux contre le cruel animal ; puis lui-même l'attaqua l'épée au poing. Grâce à sa prudente bravoure et aussi au concours de ses chiens, il finit par terrasser le terrible monstre, non toutefois sans avoir reçu de graves blessures.

Bien des années après ce fait, l'on voyait, dans la cathédrale de Rhodes, la peau du dragon, avec une inscription qui racontait la bravoure du chevalier Gozon.

L'AIGLE.

L'aigle est l'oiseau de proie le plus fort, le plus intrépide et le plus considérable de la famille des oiseaux.

Il règne dans les airs comme le lion règne parmi les
animaux des déserts ; comme le lion, il est magnanime
et dédaigne les faibles et les petits ; s'il attaque une proie,
c'est toujours à découvert, avec hardiesse, et sans considérer s'il y a danger pour lui. C'est parmi les lapereaux, les jeunes faons, les jeunes renards, les lièvres
et quelquefois même les serpents qu'il cherche sa nourriture. Cependant, comme ces animaux sont continuellement en éveil contre les attaques des aigles, ceux-ci
risqueraient souvent de ne satisfaire qu'à demi leur voracité, qui est fort grande. Aussi se jettent-ils dans les

moments de famine, ou lorsqu'ils ont des petits, au milieu des troupeaux, enlevant sans cérémonie, dans leurs
serres puissantes, les jeunes agneaux à la barbe des bergers et des chiens.

Lorsque les aigles ont des petits à nourrir, tout leur
est bon pour satisfaire la faim de leur progéniture. Ils
ne connaissent même plus la prudence dont ordinairement ils ne se départent pas. Si les jeunes aiglons
crient dans leur nid et réclament de la nourriture, le
mâle et la femelle se précipitent n'importe où, dans les
habitations et sur les hommes même. Ainsi dernièrement, dans les Vosges, un aigle mâle s'est précipité au
milieu d'une basse-cour sur un jeune veau en train de
teter sa mère. Au bruit que fit l'oiseau en s'abattant et
aux mugissements de la vache qui voulait défendre son
petit, le fermier accourut précipitamment et fut des plus
surpris en apercevant le voleur ailé qui, ne pouvant soulever la proie qu'il était venu chercher, essayait de déchirer l'animal que sa mère défendait de son mieux.

S'armant d'une fourche et se précipitant sur l'aigle
qui, à sa vue, n'essaya pas de fuir, mais au contraire se
jeta sur son antagoniste, le fermier eut toutes les peines
du monde à se défendre et à préserver sa vie contre les
terribles atteintes de son ennemi. Pourtant plusieurs
personnes étant arrivées à son secours, l'aigle se déter-
mina à prendre la fuite, non sans avoir laissé de terribles traces de son passage.

Le grand aigle, ou aigle doré, est le plus grand de
tous les aigles, dont on compte plus de dix espèces. Sa
taille est d'environ 3 pieds depuis le bout du bec jusqu'à l'extrémité des serres, et ses ailes ont 8 à 9 pieds
d'envergure. Il a les yeux étincelants, le bec et les ongles crochus et formidables; il a le corps robuste, les

jambes et les ailes très-fortes, les plumes rudes et l'atti-
tude fière, les mouvements brusques et le vol très-ra-
pide. C'est celui de tous les oiseaux qui s'élève le plus haut.

Ce roi des habitants de l'air a une vue excellente ; il
n'a que peu d'odorat en comparaison du vautour : il ne
chasse donc que ce qu'il a vu. Lorsqu'il a saisi sa proie,
il rabat son vol, comme pour en éprouver le poids, et
la pose à terre avant de l'emporter. Il enlève aisément
les oies, les grues ; il s'empare aussi des lièvres et même
des petits agneaux, des chevreaux. Lorsqu'il attaque les
faons et les veaux, c'est pour se rassasier, sur le lieu,
de leur sang et de leur chair, et en emporter ensuite les
lambeaux dans son aire : c'est ainsi qu'on appelle son
nid, qui est en effet tout plat et non pas creux comme
celui de la plupart des autres oiseaux ; il le place ordinairement entre deux rochers, dans un lieu sec et inaccessible. Ce nid est construit à peu près comme un
plancher, avec de petites perches de cinq ou six pieds
de long appuyées par les deux bouts et traversées par
des branches souples, recouvertes de plusieurs lits de
jonc et de bruyère. Ce plancher est large de plusieurs
pieds et assez ferme, non-seulement pour soutenir
l'aigle, sa femelle et ses petits, mais pour supporter encore le poids d'une grande quantité de vivres ; il n'est
abrité que par l'avancement des parties supérieures du
rocher.

Dès que les petits commencent à être assez forts pour
voler et se pourvoir eux-mêmes, le père et la mère les
chassent au loin, sans leur permettre jamais de revenir.

La vieillesse, ainsi que les trop grandes diètes, les
maladies et la trop longue captivité, font blanchir les
aigles. On assure qu'ils vivent plus d'un siècle, et l'on
prétend que c'est moins encore de vieillesse qu'ils

meurent que de l'impossibilité de prendre de la nourriture, leur bec se recourbant si fort avec l'âge qu'il leur
devient inutile. Lorsqu'ils ne sont point apprivoisés, ils
mordent cruellement les chats, les chiens, les hommes
qui veulent les approcher dans les ménageries. Ils jettent
de temps en temps un cri aigu, sonore, perçant et la-
mentable. Ils boivent très-rarement, et peut-être point
du tout lorsqu'ils sont en liberté, parce que le sang de
leurs victimes suffit à leur soif.

TRAITS RELATIFS AUX AIGLES.

Un gentilhomme anglais a raconté l'histoire suivante.

Dans un voyage qu'il fit en France, il fut invité par
un officier de distinction à passer quelques jours dans
sa maison de campagne, près de la ville de Mende. La
table était abondamment servie en gibier ; mais ce ne
fut pas sans surprise qu'il remarqua qu'aucune pièce
n'était entière : à l'une il manquait les ailes, à l'autre
les pieds ou la tête. Il demanda la raison de cette singularité à son hôte, et celui-ci répondit qu'il fallait l'at-
tribuer à la gourmandise de son cuisinier, qui se servait le premier. Cette réponse, au lieu de satisfaire sa
curiosité, l'irrita davantage ; alors l'officier lui en donna
l'explication en ces termes :

« Les montagnes de cette partie du royaume sont
très-fréquentées par les aigles, qui construisent leurs
nids dans le creux des rochers. Les bergers cherchent
à les découvrir, et lorsqu'ils en ont trouvé un, ils
élèvent une petite hutte au pied du rocher pour se garantir de ces dangereux oiseaux, qui ne sont jamais plus
furieux que lorsqu'ils nourrissent leurs petits. Le mâle

remplit cette fonction avec la plus grande assiduité pendant l'espace de trois mois, et la femelle reste dans le nid jusqu'à ce que les petits soient en état de le quitter. Lorsque le temps arrive, leurs parents les forcent à s'élever dans l'air, où ils les soutiennent de leurs ailes et de leurs pieds, de peur qu'ils ne tombent. Tant que les aiglons restent dans le nid, le père et la mère ravagent les environs, s'emparent des volailles, faisans, perdreaux, lièvres et chevreaux qu'ils trouvent sur leur chemin, et les portent à leurs petits.

« Les bergers étant placés de manière à pouvoir observer le moment où les aigles apportent de la nourriture à leurs petits, saisissent celui où ils ont quitté le nid, montent sur le rocher, et s'emparent de tout ce que ces oiseaux y ont porté, en ayant soin de laisser les entrailles de chaque animal à la place où il était ; mais comme ils ne peuvent arriver assez à temps pour éviter que les aiglons n'entament les animaux destinés à leur pâture, ils sont forcés de nous les apporter dans l'état où ils les ont trouvés. »

Un gentilhomme écossais avait un aigle apprivoisé ; le gardien de cet oiseau lui donna un jour un coup de fouet : environ une semaine après cet événement, cet homme tomba en se baissant pour chercher sa chaîne ; alors, l'animal furieux se rappelle la dernière insulte qu'il en a reçue et se jette sur lui avec une telle violence, qu'il lui fait une blessure considérable. Les cris de l'aigle jettent l'alarme dans la maison, et font accourir tous les domestiques du maître. On trouve le pauvre domestique étendu à quelque distance, aussi étourdi par la frayeur que par le mal. L'oiseau, transporté de rage, frappait des pieds et continuait à crier. Enfin, quand tout le monde fut parti, il rompit sa chaîne par la violence de ses efforts et s'échappa pour ne plus revenir. (Gaillot, *Beautés des trois règnes.*)

Dans les Cordillères, où les grands aigles sont nombreux, il n'est pas rare de les voir se jeter, lorsque la faim presse leurs petits, sur les enfants et même sur les femmes.

Il n'y a pas longtemps qu'une jeune mère donna, dans nos montagnes, le spectacle du plus héroïque courage du plus grand amour maternel.

Occupée aux travaux des champs dans une belle vallée que dominaient des rocs inaccessibles et taillés à pic, dans les anfractuosités desquels poussaient seulement quelques arbustes maigres et rabougris, la jeune femme avait posé son petit enfant, âgé d'une année environ, non loin d'elle, sur une herbe moelleuse et touffue. Pendant qu'elle travaillait avec ardeur à ramasser sa récolte, elle entend tout à coup un bruit sourd, puis les vagissements de son enfant. Elle se retourne précipitamment, et aperçoit un aigle de la grande espèce qui venait de fondre sur l'innocente créature et l'avait saisie avec ses serres redoutables, se disposant à l'enlever. A cet aspect, la pauvre mère resta un instant anéantie, puis se précipita courageusement vers le ravisseur. Mais, hélas ! il n'était plus temps : l'oiseau de proie, étendant ses puissantes ailes, s'éleva au milieu des airs, indifférent aux larmes de la mère et aux cris de l'enfant. Des paysans occupés dans les champs furent aussi spectateurs de cette scène, et s'empressèrent d'accourir au secours de la mère infortunée, qui se tordait dans les angoisses de la plus affreuse douleur. Cette femme, presque morte de désespoir, jette une dernière fois les yeux dans l'espace, vers le côté où le cruel ravisseur s'est envolé ; elle l'aperçoit dirigeant son vol dans les anfractuosités d'un rocher inaccessible qui élève sa crête dans les nues. Elle sait que c'est là qu'est son aire, et que son cher enfant va servir de pâture aux petits du monstre ailé. A cette pensée elle pousse un cri formidable, se relève haletante, égarée, repousse tous ceux qui l'entouraient, et se précipite folle de désespoir vers les rocs entassés qui forment la base de la montagne où l'aigle a établi sa demeure, en criant : « Mon enfant, mon enfant ! Mon Dieu, sauvez mon enfant ! » Puis. poussée par une force surnaturelle, on la voit escalader des talus à pic, des rochers glissants, des murailles de granit où jamais une créature n'a posé son pied. Quelques jeunes montagnards intrépides et habitués aux périls qu'entraînent les ascensions les plus formidables tremblent eux-mêmes à l'aspect de la hardiesse de cette femme. Plusieurs d'entre eux, pris de pitié pour cette pauvre créature qu'un accès de folie va faire rouler dans des abîmes d'où elle ne se relèvera pas, s'élancent sur ses traces, la conjurent de s'arrêter, de ne point sacrifier inutilement sa vie ; mais elle ne les écoute pas, et arrive à un certain endroit où le péril leur semble trop grand. Ils s'arrêtent émus et pleins d'angoisses, reconnaissant qu'il y aurait déraison de leur part à essayer de suivre plus longtemps une malheureuse qui va bien sûr d'un moment à l'autre rouler dans l'espace.

La jeune mère, elle, continue son ascension ; elle ne crie plus, mais elle semble saisie d'une fièvre incompréhensible ; sa force s'est centuplée, ses pieds se posent sur les arêtes les plus étroites sans qu'elle paraisse se douter où elle est ; ses mains se crispent sur les aspérités des rocs, et les saisit comme s'ils étaient de fer ; son corps semble formé de vapeurs, tant il paraît souple et léger ; rien ne l'arrête : elle rampe, elle se soulève, se glisse comme un serpent ; elle va, elle va, comme si des ailes étaient attachées à son corps, sans se soucier des périls et des obstacles. Les populations, accourues de toutes parts, assistaient à ce drame émouvant. Le vieux prêtre du hameau lui-même était accouru sur les lieux de cette scène. A l'aspect des efforts inouïs de la jeune mère, son cœur s'était ému, ses yeux s'étaient remplis de larmes.

— Mon Dieu, mon Dieu ! disaient en tremblant tous les pauvres villageois, elle va périr !

— A genoux ! dit tout à coup le pasteur. A genoux, mes enfants, et que nos prières montent ardentes et pleines de foi vers le trône de l'Éternel. Lui seul peut soutenir et sauver la malheureuse qui est allée braver la mort au sommet de ces roches. Prions, mes enfants, prions, et celui qui est le maître de toute chose fera peut-être un miracle pour récompenser la courageuse action de cette mère infortunée. Prions, et Dieu prendra cette mère infortunée en pitié, et recevra son âme dans le sein de son éternelle gloire, s'il ne lui permet pas d'accomplir son projet.

Et aussitôt la foule s'agenouilla pieuse et recueillie ; et le saint prêtre, élevant vers le ciel ses mains suppliantes, entonna un hymne à l'Éternel.

Ils priaient tous, suppliant et pleurant dans le plus grand silence, lorsque tout à coup un cri formidable se fit entendre. Tous les cœurs battirent à la fois, et les yeux n'osèrent se lever, dans la crainte d'être spectateurs d'une sanglante catastrophe. Un second cri retentit encore ; mais ce cri, cri de triomphe et de joie, eut un écho retentissant : tous les yeux se levèrent, tous les bras se tendirent, toutes les poitrines furent oppressées. La jeune mère, appuyée contre les parois d'un roc inaccessible, tenait son enfant dans ses bras ; l'innocente créature semblait rendre les caresses qu'on lui donnait, et, non loin de là, deux aigles monstrueux, surpris, étonnés, déployaient leurs ailes puissantes et voltigeaient sans oser attaquer celle qui était venue les braver jusque dans leur retraite, qu'ils avaient crue inabordable.

Le second cri avait été poussé par les jeunes montagnards, qui avaient suivi, quoique de bien loin, l'héroïque mère.

— Prions, prions, mes enfants ! exclama le pasteur ; prions, car si Dieu a fait un miracle en préservant cet enfant d'une mort inévitable, s'il a soutenu cette mère dans son voyage prodigieux, il lui reste encore tant de périls à courir, tant d'obstacles à vaincre, que la puissance divine peut seule la garantir en cette circonstance. Prions et supplions le Dieu fort et bon de nous rendre sains et saufs ceux que sa magnanime bonté a épargnés jusque-là.

Et les villageois se remirent à prier. Mais en priant, ils ne pouvaient s'empêcher de jeter leurs regards sur les rochers à pic, du haut desquels l'heureuse mère, redevenue silencieuse et pleine d'angoisses, semblait glisser comme une apparition.

Pourtant bientôt elle atteignit le lieu où les jeunes montagnards avaient pu la suivre, et là seulement elle jeta un regard autour d'elle, et aperçut pour la première fois le chemin qu'elle venait de parcourir ; elle sembla alors s'éveiller, pressa son enfant contre son sein, poussa un cri et tomba inanimée.

Toute la population, accourue au milieu des rochers, put bientôt contempler cette héroïque mère, que les montagnards transportaient sur leurs bras avec son petit enfant qui, souriant et heureux, ne semblait pas se douter du péril qu'il venait de courir.

Après des soins multipliés, la jeune femme revint à elle, mais brisée de fatigue et incapable de se tenir sur ses jambes. Les villageois la mirent avec son enfant, qu'elle ne cessait de couvrir de larmes et de baisers, sur un brancard qu'ils confectionnèrent avec des branches d'arbre.

Le pasteur conduisit le cortége vers le temple du Seigneur, où tout le monde rendit grâce à l'Éternel de l'insigne faveur qu'il venait d'accorder à cette héroïne de l'amour maternel.

Et lorsque l'on eut rendu grâce à Dieu, chacun voulut lui faire raconter comment elle avait fait pour surmonter les obstacles invincibles qu'elle avait vaincus. Alors elle répondit qu'elle n'avait aucuns souvenirs de son ascension ; seulement qu'elle se souvenait d'une seule chose, c'est du moment et de l'endroit où elle avait trouvé son enfant, qui était posé au milieu de deux jeunes aiglons qu'il caressait, et avec le duvet desquels il semblait jouer ; qu'alors elle avait saisi l'innocente créature, et que c'était à ce moment seulement qu'elle avait eu la connaissance de ce qu'elle venait de faire ; qu'en descendant elle s'était sentie pleine de force, il est vrai, mais qu'elle tremblait bien fort de crainte et d'effroi, ce qu'elle n'avait pas éprouvé en montant.

Aujourd'hui le jeune enfant qui avait été enlevé dans les serres puissantes d'un aigle est devenu un fort et vigoureux jeune homme qui fait une chasse incessante aux nombreux oiseaux de proie qui se trouvent dans les montagnes. Mais chaque fois qu'il regarde du milieu des précipices, où il a de la peine à arriver, le rocher où sa mère est allée le chercher, il ne peut s'empêcher de s'agenouiller et de rendre grâce à Dieu, qui a aidé une mère à accomplir ce que le plus intrépide montagnard n'oserait entreprendre.

L'AUTRUCHE.

Les autruches passent pour les plus gros des oiseaux. En effet, ces bêtes, hautes de 4 à 5 pieds, pèsent de 75 à 80 livres ; mais ce poids et leur conformation les empêchent de s'élever dans les airs, et les ailerons qu'elles possèdent ne leur servent guère qu'à les aider dans les courses rapides qu'elles entreprennent dans le désert, ou lorsqu'elles sont poursuivies par quelques ennemis.

La crédulité publique accordait à l'autruche la faculté de se nourrir de pierre, de fer, ou de tout autre corps indigeste. Aujourd'hui l'on a reconnu que l'autruche avale bien quelques petites pierres pour lester son estomac dans les longs jeûnes qu'elle est forcée de subir au milieu des solitudes où elle vit, mais qu'au fond sa nourriture est comme celle de toutes les bêtes, composée de choses nutritives, de graines, d'insectes ou de reptiles.

L'autruche, perchée sur ses longues et nerveuses jambes, est susceptible de parcourir les plus longues distances sans se fatiguer.

Cet animal est originaire des déserts de l'Afrique, et ne se trouve que là. Les peuples à demi barbares de ces contrées en apprivoisent souvent pour s'en nourrir au besoin, et surtout pour en récolter les plumes, qui dans un temps ont joui d'une grande faveur parmi les nations civilisées, qui payaient leur possession fort cher pour en construire une foule d'ornements.

Quelques voyageurs ont prétendu que diverses peuplades de l'intérieur du continent africain se servaient de ces bêtes ailées pour se faire transporter d'un lieu à un autre. Nous ne savons si ce fait est authentique, mais, dans tous les cas, il serait à désirer qu'on fît des expériences pour s'assurer si cela est possible. Ces animaux, étant doués d'une grande force et d'une célérité extraordinaire, pourraient servir dans les voyages au milieu des solitudes des déserts de l'Afrique.

L'on prétend que l'autruche, lorsqu'elle est poursuivie et sur le point d'être prise par un ennemi, se contente d'enfoncer sa tête dans le sable, croyant s'être soustraite par ce moyen aux regards de ses persécuteurs. Il est possible que cela soit arrivé quelquefois, mais nous croyons que l'autruche, ayant bec et ongles pour se défendre, use des armes dont la nature l'a pourvue pour combattre ses adversaires.

L'Anglais Moore prétend avoir vu en Afrique un homme qui voyageait sur une autruche. Vollisniéri dit avoir vu un jeune homme à Venise monté sur le dos d'une autruche, qu'il faisait manœuvrer avec la plus grande facilité.

M. Adanson, dans son voyage au Sénégal, prétend également avoir vu des autruches montées par des nègres. Espérons donc que nous verrons bientôt des escadrons volants et des régiments de hulans manœuvrant sur les champs de bataille montés sur des autruches dressées à cet effet.

Au reste, ce genre de monture serait de la plus

grande utilité pour les guerriers atteints du mal de la peur : ces animaux, parcourant l'espace avec la plus grande rapidité, les mettraient facilement hors de la portée des carabines Minié, des revolvers Lefaucheux et de tous les engins modernes de destruction.

LE CERF-VOLANT.

On voit au cap de Bonne-Espérance plusieurs espèces de scarabées portant ce nom. Il y en a surtout une d'une beauté remarquable que l'on nomme cerf-volant d'or, à cause de sa tête et de ses ailes, qui sont de la couleur de l'or.

Les Hottentots, qui sont très-superstitieux, adorent comme une idole ce brillant scarabée. Si par hasard cet insecte entre chez eux, ils lui immolent un bœuf ; s'il se pose sur l'un des habitants de la case, oh ! alors la joie de celui qui a été favorisé de cette visite est des plus complètes : il se croit destiné aux plus grandes choses, et tous les habitants du lieu lui rendent des honneurs comme à un protégé du ciel.

Chez nous, les méchants enfants se contentent de couper le cou au cerf-volant, dans la persuasion que les nourrices et les idiots leur ont donnée, qu'avec une tête de cerf-volant dans sa poche l'on peut être certain d'accomplir sans danger les courses les plus périlleuses.

Il en est de cela comme lorsque l'on entend chanter le coucou pour la première fois de l'année. Si vous avez de l'or ou de l'argent sur vous, disent les sots ou les superstitieux, vous êtes sûr d'en posséder toute l'année.

Les pronostics de la tête du cerf-volant et du chant du coucou sont aussi faux l'un que l'autre, et je vous engage à ne point vous occuper de ces mystifications.

LE FOURMI-LION, OU FORMICA LEO.

Ce petit insecte est une preuve évidente que tous les êtres de la nature ont reçu du Créateur des moyens de conservation et de se suffire.

C'est à l'état de larve que le fourmi-lion déploie le plus d'intelligence pour remplir son garde-manger, fournir sa cuisine et faire bombance, aux dépens de ceux qui se sont laissés prendre à ses piéges.

A l'état de larve, le fourmi-lion est un ver pourvu de plusieurs pattes, qui marche à reculons et va très-lentement. Bien certainement que si cet insecte avait été obligé d'attraper sa pâture à la course, il aurait souvent subi des jeûnes trop prolongés; mais l'industrieux insecte s'est fait ce raisonnement :

— Si je cours après une proie, je ne l'attraperai pas, eh bien ! il faut que la proie vienne à moi, et je pourrai m'en régaler.

Alors, il a inventé de creuser un trou en entonnoir, dans le fond duquel il se cache; puis là, il attend que quelque petite bête curieuse s'approche pour satisfaire son mauvais penchant. L'imprudente quelconque qui s'aventure sur les bords du trou du fourmi-lion ne jette pas plus tôt ses regards dans le fond du piége, qu'aussitôt celui-ci lui lance avec une adresse incomparable une petite pierre qui renverse la pauvrette dans l'abîme où l'attend son cruel ennemi, qui se régale à ses dépens.

Le fourmi-lion prend bientôt ses ailes et se transforme en une espèce de fourmi ailée, qui n'a plus besoin alors de tendre des piéges aux innocents et aux faibles, ayant l'espace pour trouver à butiner.

Ainsi, dans la nature, le Créateur a donné à chaque être des moyens de se suffire et de vivre; seulement l'homme, plus heureux que le reste des animaux, a été doué du feu sacré de l'intelligence par l'éternel architecte des mondes : outre ses facultés les plus nombreuses, l'homme a reçu l'âme immortelle. Comment reconnaître tant de bontés? N'est-ce pas en nous montrant bons, humains, studieux et remplis de confiance dans la justice de celui qui nous a accordé tant de faveurs?

FIN DES ANIMAUX CÉLÈBRES.

TABLE DES MATIÈRES

FIN DE LA TABLE.

www.ingramcontent.com/pod-product-compliance
Lightning Source LLC
LaVergne TN
LVHW052012060726
842528LV00002B/479